間取りのすごい新常識

家居空间布局与动线设计

日本株式会社X-Knowledge 编著

韦晓霞 译

化学工业出版社

·北京·

内容简介

到底什么样的户型格局最宜居？随着 21 世纪社会生活的日新月异，人们对居住的需求也在快速发生着变化。本书开篇以轻松幽默的漫画形式，介绍了近几年来业主需求的新趋势，以及适合当下生活的空间布局。

全书汇集了 40 位日本人气住宅设计师的近百个案例，总结出能轻松做家务的"厨房动线""洗衣动线"，一家人并行不悖的"梳洗动线""睡眠动线"，以及享受快乐的"儿童动线""宠物动线""户外动线"等，共计 12 种动线的设计方法，旨在设计出便捷而又舒适的住宅。同时，10 个纵向空间的布局方法可以为住宅营造出富于变化的氛围；7 大收纳的布局设计方法介绍了合理又井井有条的收纳计划；卷末还附有收纳必备的物品尺寸小图典，全方位地帮助居住者最大化实现理想生活。关于家居布局的一切尽在本书中。

MADORI NO SUGOI SHIN JYOSHIKI

© X-Knowledge Co., Ltd. 2020

Originally published in Japan in 2020 by X-Knowledge Co., Ltd.

Chinese (in simplified character only) translation rights arranged with X-Knowledge Co., Ltd. TOKYO, through g-Agency Co., Ltd, TOKYO.

北京市版权局著作权合同登记号：01-2021-5508

图书在版编目（CIP）数据

家居空间布局与动线设计／日本株式会社 X-Knowledge 编著；韦晓霞译. —北京：化学工业出版社，2023.4

ISBN 978-7-122-42828-8

Ⅰ．①家… Ⅱ．①日… ②韦… Ⅲ．①住宅—室内装饰设计—日本 Ⅳ．①TU241

中国版本图书馆 CIP 数据核字（2023）第 039124 号

责任编辑：孙梅戈　　　　　　　　文字编辑：蒋丽婷
责任校对：宋　玮　　　　　　　　装帧设计：韩　飞

出版发行：化学工业出版社（北京市东城区青年湖南街 13 号　邮政编码 100011）
印　　装：北京军迪印刷有限责任公司
710mm×1000mm　1/16　印张 12　字数 226 千字　2023 年 6 月北京第 1 版第 1 次印刷

购书咨询：010-64518888　售后服务：010-64518899
网　　址：http://www.cip.com.cn
凡购买本书，如有缺损质量问题，本社销售中心负责调换。

定　　价：98.00 元　　　　　　　　　　　　　　　版权所有　违者必究

目 录

PART3

第三章

纵向布局的方法

日本制作团队

书籍设计
菅谷真理子＋高桥朱里（marusankaku）

封面·腰封插画
yu nakao

第一章漫画＋主要插画
阿部、鹈木、黑猫真子

第二章解说插画
堀奈留美

第三章解说插画
isan（野口理沙子＋一濑健人）

第四章解说插画
山崎实

平面图
加藤阳平、小松一平（小松建筑设计事务所）
杉本聪美、田岛广治郎（French Curve）
长冈伸行、长谷川智大、堀野千惠子、六浦六、
若原久子（若原画室）

DTP
TK创造（竹下隆雄）

印刷·制作
Shinano书籍印刷

PART1

第一章
家居装修新趋势

梦寐以求的平房

在如今的生活中，人们更关心房子与庭院和周边环境是否相互融合。于是，越来越多的人把目光转向了平房。平房有它独特的优点，比如"与外部环境融为一体""方便活动""能够保障家中老人小孩的安全"等。如果是自建住宅，平房对居住者来说是一个很好的选择。

二阶堂的烦恼

漫画：阿部

注：外廊是指屋檐下向外延伸出的部分。

面向庭院的开放式玄关
加强与室外环境的一体感

平房的设计可以增强室内外的一体感，让舒适的室外自然环境能够延伸至室内。平房一般会朝南开设一个面向庭院的落地大门。此外，为了加强与外部的紧密性，还会在落地大门处设计一个地面与客厅地板同样高度的外廊，作为与室外的过渡。

白子的家　　设计：野口修建筑工作室　摄影：小泉一齐

土间玄关（译者注：土间，日本传统建筑中设置的地方，有"屋内与屋外之间"之意，即现代日本住宅中，门口脱放鞋子的地方，一般保留水泥地面）内摆放有一个取暖炉（照片中后方）。为了方便做饭时使用，取暖炉的摆放位置较为靠近厨房。

C 进入南侧院子的玄关开在开放式LDK的一侧。为了提升客厅与院子的整体性，玄关的墙壁会设计成一扇落地窗，玄关门也选用玻璃与木框制作。

平面图

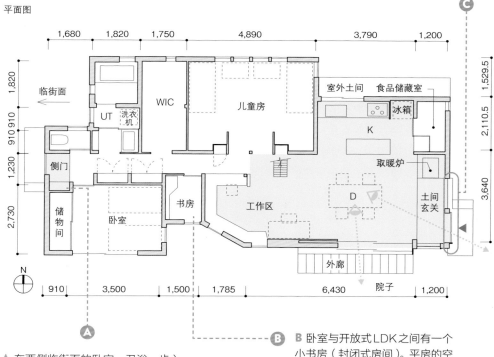

临街面

WIC

UT　洗衣机

儿童房

室外土间　食品储藏室

冰箱

K

取暖炉

侧门

储物间

卧室

书房

工作区

D

土间玄关

外廊

院子

1,680　1,820　1,750　4,890　3,790　1,200

1,820

910 910

1,230

2,730

1,529.5

2,110.5

3,640

910　3,500　1,500　1,785　6,430　1,200

N

A 在西侧临街面的卧室、卫浴、步入式衣帽间的附近设置侧门，可以根据需求，从正门或者侧门进入。

注：本书未标明单位均为mm。

B 卧室与开放式LDK之间有一个小书房（封闭式房间）。平房的空间连贯性十分强，但这里可以成为其中独有的私密空间。

可以直观地看到屋顶的房梁，是充满开放性的平房特有的风景。儿童房上面的阁楼可以当作收纳间利用起来。

外廊宽度适中，方便进出庭院。

各个房间通庭院
有中庭的平房的优点

　　虽然平房的采光一直以来是个难题，但只要有中庭，就基本能够保证各个房间的采光。本案例中的平房选择了"U"字形状的设计，中庭被房子以及房间的墙壁围了起来，很好地遮挡了外部视线，保证了空间的私密性。为了保证室内外的整体感，可以在落地窗门上安装一个木制的屋檐，增加空间的延展性。天气好的时候，中庭就能化身第二客厅，亲近大自然。整个房屋设计以庭院为中心，所以无论是在家中的哪个房间，都可以欣赏到院子里的景色。

海东
之家　　设计：松原建筑企划　摄影：堀隆之写真事务所

北侧走廊的地面比儿童房以及客厅的高200mm。走廊与院子的高低差是530mm，正好是适合坐下的高度。

A 中庭面积约为 36m²，空间足够孩子玩耍，做除草等园艺家务也不会太累。如今，人们在家度过的时间越来越多，在庭院静下心来读书或者是立起帐篷野营都是不错的选择。

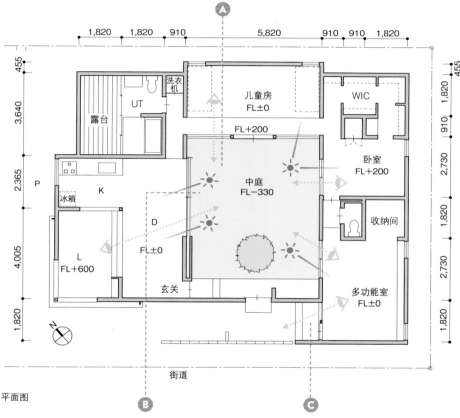

平面图

B 餐厅地板比中庭高330mm。从客厅地面到餐厅地面柔缓下降，尽量接近院子的地平面高度，能够增加餐厅的开放性，突显房屋的一体感。

C 设计一个同时面向中庭与小路的门口，可以欣赏到两种截然不同的风景。

将小户型的优势
发挥到极致

　　小户型也可以住得很充实。以前由于地皮面积或者预算的问题，许多人都被迫选择小户型的房屋。现在，即使土地面积充裕，也有不少人愿意增加小路和庭院的面积，心甘情愿地住进小房子里。即便是小户型的房屋，在成本上也有许多要解决的问题。

幸福的小·户型

漫画：黑猫真子

阶梯落差式家庭休闲区
让家不再单调

为了追求开放式的风格，小户型往往都会设计成一体化的空间。如果地板与天花板高度没有变化，就会令房间整体十分单调。这时，可以在餐厅旁边规划一个低于餐厅地面300mm左右的空间作为家庭休闲区（比客厅更具私密性，也更适合休闲放松），通过高度落差给整个空间加入一些变化。作为家庭休闲区，也能够自然地连接露台，令整个房间看起来更加宽敞。

阶梯落差式房屋　设计：岛田设计室　摄影：牛尾干太

右：从餐厅看到的家庭休闲区。
天花板较低的一角摆放了沙发，
四周围着墙壁给人安心的感觉，
营造出了轻松的氛围。
左：左手边是餐厅，面向家庭休
闲区。两者之间是两层150mm
的阶梯，可以直接坐在阶梯上。

A 为了使庭院与家庭休闲区相连，玄关没有选择开在临街的位置，而是移动至侧面围墙的中间。如此一来，入户区更显层次感，也省去了走廊。

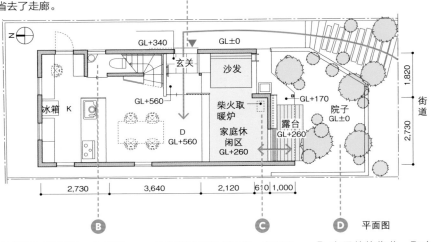

平面图

B 玄关附近可以设计一个楼梯，令动线更为简洁。楼梯下方的死角空间也可以利用起来，设计一个小卫生间。

C 在空置的地方摆放一个取暖炉，无论是从餐厅、厨房，还是家庭休闲区，都能感受到温暖的火焰。

D 房屋整体靠北，取南侧空地作为庭院。最适合小户型的设计，不是将每一寸土地都填满，而是通过室内与庭院的连接，令整个房屋呈现出更加宽敞的感觉。

在2楼打造
自在的第二客厅

小户型的家装一般会把儿童房和卧室等私密空间设计在2楼，1楼是开放式的客厅。在这类设计中，客厅的活动往往会受到来客的影响。为了避免这种情况，可以在2楼设计一个不受外人打扰的、能自在看电视的第二客厅。

西原之家　　设计：小野（Ono Design）建筑设计事务所

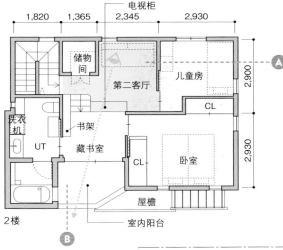

A 2楼的第二客厅也可兼作2楼的门厅。每位家庭成员回房间都必须经过这个空间，自然而然就会产生交流。

B 在第二客厅可以设置家庭阅读空间，并使室内阳台可以看到外面，即使空间较小，也不会产生封闭感。

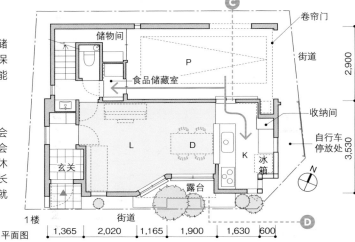

C 由于从车库内到食品储藏室和厨房的动线得以保障，开车购买的重物也能轻松搬运。

D 临街的南侧露台经常会有人路过，而家人通常会在2楼的第二客厅活动和休息，使得1楼客厅可以较长时间保持整洁，这样也就无需担心路人的眼光了。

平面图

连接内与外的
土间

作为一个万能型的空间，土间近年来一直受到人们的喜爱。因为不用担心弄脏或弄湿，在这里可以放心种植花草、存放和保养户外用具等，土间的功能可谓是一应俱全，甚至还能安放宠物窝。此外，不仅是玄关，把客厅和餐厅也按照土间的风格来设计的案例也不少。

果然还是有个土间好

漫画：鹈木

室内土间 + 室外土间
豁然开朗的房屋布局

土间

喜欢户外活动的人非常适合居住在土间空间大的房屋。这类住户希望能够一边亲近大自然，一边进行DIY作业，所以设计时会预留较大的空间作为土间。土间可以通过木制的门柱划分成室内土间和室外土间两个区域，分别应对不同天气下的活动需求。冬天，柴火取暖炉也会让整个土间温暖四溢。

八鹿之家　　设计：H&一级建筑师事务所　摄影：半田俊哉

室内土间和室外土间的天花板部分均使用柳安胶合板，并且特意将附近的室内天花板也铺上了同样的材质。此外，房间内的地板也采用了同样的柳安胶合板，整个空间给人一种连贯、统一的感觉。门柱通过隐藏框的做法，削弱了存在感。

右：土间墙壁用金属抹子抹上灰浆
以及隔热材料。
左：室外土间看向客厅和厨房。可
以透过桌子上的窗户看到外面。

Ⓐ 室内土间预计要摆放一台三角
钢琴。为了避免从客厅直接看到钢
琴，用曲木胶合板制作了一个电视
柜，遮挡视线。

平面图

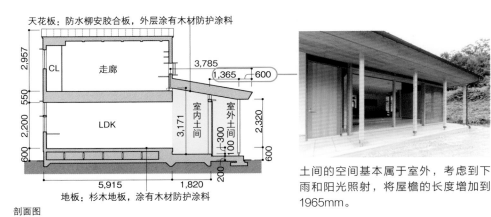

天花板：防水柳安胶合板，外层涂有木材防护涂料

地板：杉木地板，涂有木材防护涂料

剖面图

土间的空间基本属于室外，考虑到下
雨和阳光照射，将屋檐的长度增加到
1965mm。

室内也用石材地面
尽情亲近大自然

土间

想要把室内地板改建成土间地面的风格，但又担心砂浆地面会磨损家具。石材地面就能很好地解决这个担忧。石头是天然材质，与木制家具和灰浆墙壁都能协调搭配，而且还会提升整个空间的品质感，打造出典雅的氛围。本案例中的平房客厅直接与露台和院子相通，整个室内以及土间的地面都选择了风格相适宜的蛇纹石材。

一桥园之家　设计：佐藤·布施建筑事务所　摄影：石曾根昭仁

地面石砖是根据实际面积，
用1m×3m的蛇纹石材大板
现场切割而成。

A 用地面积较为充裕，南侧庭院占地面积较大，整个设计方案尽可能地贴近大自然。家庭成员包括母亲和两个女儿，以及两条狗。考虑到今后老人看护的问题，特意减少了平房内的阶梯落差。

B 日照充足的南侧院子一角设计了一间晾衣间（阳光房），也可以作为院子里的一处休闲角落。

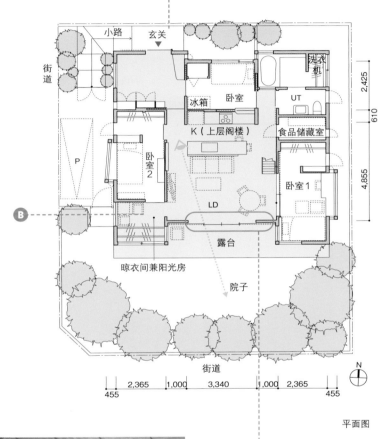

小路　玄关　街道

卧室　冰箱　洗衣机　UT

K（上层阁楼）　食品储藏室

卧室2　P

LD　卧室1

露台

晾衣间兼阳光房

院子

街道

2,365　1,000　3,340　1,000　2,365
455　455

2,425　610　4,855

N

平面图

C 厨房正对的是3340mm宽的落地大门，可以一边欣赏院子的风景一边做饭。

厨房地面铺的是花岗岩。狗可以自由进出院子与室内，由于是石材地面，脏污也十分容易清洁。房子有地暖，而且石材地面可以储存日射的热量，即使是冬天也十分温暖。

大开间也不失为
一种选择

　　将客厅、餐厅、厨房、卧室等汇聚在一个空间内的大开间设计，会使得整个空间更具连贯性和延展性。这样的开放性正是大开间设计的魅力所在。要让公共空间与私密空间共存，不仅需要明确空间的功能分区，还要懂得巧妙利用墙壁和家具制造视觉上的效果。此外，也必须要考虑房屋内各处的动线是否合适。

懒懒子梦想中的房子

漫画：阿部

畅通无阻的回游动线贯穿家中

　　大开间内的移动距离十分短，可以感受到无处不在的家庭氛围。此外，大开间没有阶梯落差，打扫卫生十分方便。没有间隔的设计使得整个房间能够很快暖和起来。本案例中的上野幌夫妻之家位于寒冷地区，大开间设计提升了房屋的隔热性能。

上野幌之家　　设计：及川敦子建筑设计室　　摄影：及川敦子建筑设计室

从客厅内看到的玄关一侧。玄关旁边（照片左侧）是一间小型和室，里面是与大开间不同的风格与氛围。

A 考虑到今后看护的问题，盥洗室以及卫生间都尽可能地确保了充足的面积与空间。此外，卫生间设置了不同方向的两扇门，方便看护。

B 从室外进入到室内没有阶梯落差，可以直接从门廊进入。此外，玄关与开放式餐厅之间都是平地，轮椅可以畅通无阻。

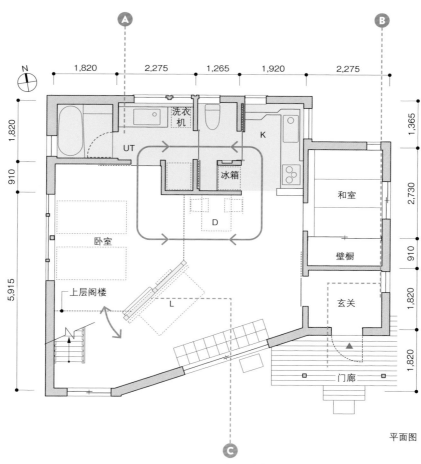

平面图

C 卧室与玄关之间的承重墙（也兼作隔断墙）保证了卧室的私密性。由于墙体的存在，就不需要设计走廊，使得客厅以及餐厅更加宽敞。

卧室天花板的高度是2476mm，开放式餐厅的天花板高度是3630mm。较低的天花板高度能够令人更加放松与安心。落差的部分就作为阁楼，用于收纳。

用家具与阶梯落差划分空间

　　如果想在一个空间内搭建不同风格的区域，可以考虑通过调整地板高度来实现。本案例中夫妇两人居住的房屋，天花板统一为同样高度，令整个空间更加宽敞；与此同时，又通过加高800mm的地板高度来区分卧室与客厅。阶梯部分还摆放了大型的收纳家具，不仅可以当作扶手，也能够起到遮挡作用，避免从开放式餐厅直接看到整个卧室。

求院之家　　设计：春夏建筑事务所　摄影：中村雄

餐厅尽头是半开放式的厨房。得益于半开放式的设计，在厨房也可以像在客厅那样，一边做饭一边看电视。

家具很好地区分了卧室与客厅的区域，令人的视线自然地投向远处的风景。

B 家电和小物件在大开间内会十分显眼，电视或者空调等家电藏在墙柜里，让整个空间更加干净利落。

A 收纳家具两侧是阶梯，形成了一个完整的回游动线。客厅一侧的柜子用作书架，卧室的柜子则是用来做衣橱。

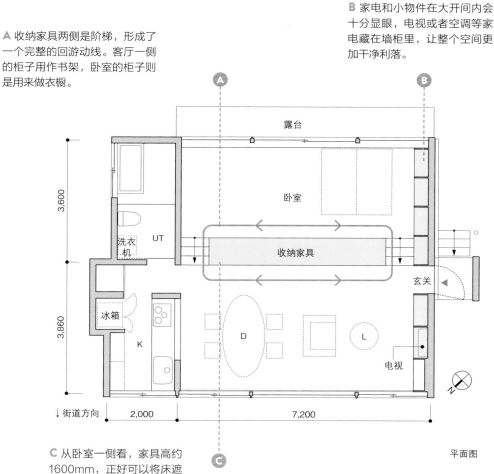

平面图

C 从卧室一侧看，家具高约1600mm，正好可以将床遮挡起来，可以安心睡觉。

左：房屋傍晚的景色。
右：临街的过往车辆较多，为了保护隐私，地板相比地平面高度加高了900mm。这样便可以畅快地眺望远处的风景。

夫妻间的距离
——不即不离

现代社会，夫妻相处的方式已经产生了许多变化。过去，夫妻共同生活的空间，如客厅、餐厅、卧室，甚至是共同使用的衣橱等家具，全部统一风格。即使是恩爱有加的夫妻，这种做法也会稍显落后于时代发展。尊重夫妻双方各自的生活方式，友好和谐地设计家装，这才是符合时代发展潮流的做法。

夫妻生活圆满的秘诀

漫画：黑猫真子

楼梯井守护夫妻之间的个人空间与距离

本案例是一对夫妻的房子。狭长的平面图中央有一处高约3m、呈四方形的楼梯井。楼梯井的设计不仅令整个房子更具一体感，还为夫妻两人分别在房子两端创造了属于各自的空间。

求院之家　　设计：春夏建筑事务所　　摄影：中村雄

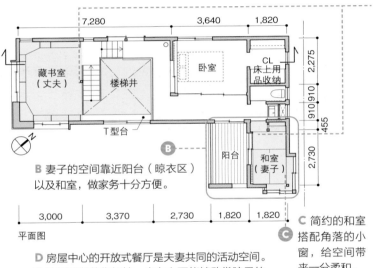

A 房屋的对角线两端分别设计了夫妻两人各自的空间。丈夫的空间与客厅上层挑空相连，整体呈开放式结构。另一方面，妻子的空间则是较为封闭的和室。

B 妻子的空间靠近阳台（晾衣区）以及和室，做家务十分方便。

平面图

D 房屋中心的开放式餐厅是夫妻共同的活动空间。收纳柜可以兼作长椅，坐在上面能够欣赏院子的景色。

C 简约的和室搭配角落的小窗，给空间带来一分柔和。

丈夫的空间是藏书室。利用高至屋顶的书架展示藏书。

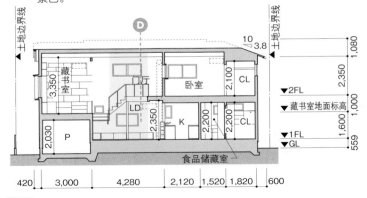

平面图

妻子的空间是和室。墙上是摆放装饰物和小物件的等距架子，简约而整洁。

夫妻间的距离

夫妻分房
打造更便捷的动线

本案例以1楼的厨房为中心，夫妻分别有各自的卧室。妻子的房间靠近厨房和盥洗室，丈夫的房间靠近客厅和卫生间，符合各自的主要动线（卫生间与卧室的位置关系请参照第139页）。

稻城之家

设计：风祭建筑设计　施工：真柄工务店　摄影：漆户美保

A 负责家务的妻子的房间靠近厨房以及盥洗室。以厨房为中心的回游动线可以轻松地到达屋内各处。

从餐厅看到的客厅。照片中央的门连接着丈夫的房间。

A

平面图

晾晒区
卧室（妻子）
食品储藏室
WIC
冰箱
K
上层楼梯井
L
D
洗衣机
UT
斜坡
SIC
玄关
储物间
WIC
卧室（丈夫）
前方街道
P
P

3,640　3,790　1,820　910
1,820　1,365　2,925　1,820　190
3,880
1,200　1,820
1,820　2,275
2,275　1,820
3,185
123
3,640
N

B **C**

B 从走廊（玄关）穿过丈夫的房间可以直接到达客厅。回到家可以直接去自己的房间放行李、更衣，再来到客厅。距离卫生间也很近，非常方便。

C 客厅与卧室相邻，方便看护。丈夫的房间与客厅之间有拐角，无需担心从客厅能直接看到房间。

电视的位置
不再是中心

　　以前，电视常摆放在客厅与餐厅的中心，被认为是一家人共享欢乐的重要元素。但是，电视通常又黑又大，存在感十分强烈。于是，在设计客厅和餐厅时，不少住户提出希望尽可能地削弱电视的存在感。

爸爸与电视的华丽变身

漫画：鹈木

电视隐藏在客厅的一隅

　　客厅、厨房、餐厅是一体空间时，电视机的摆放就十分麻烦。本案例一反将电视摆放在餐厅的常态化做法，将电视隐藏在客厅一侧的壁柜里。不坐在正前方，是完全看不到电视机的。即使在客厅，也几乎感受不到电视的存在。从玄关土间进入餐厅时，也看不见摆放的电视机。

四街道
之家　　　设计：牡丹设计　摄影：浅川敏

从客厅看到的厨房和餐厅。从沙发可以看到电视与开放式餐厅。

A 用储物间的墙壁作电视柜，从而减弱电视的存在感。

左：面积较大的玄关土间。屋顶形状的天花板十分可爱。

右：从玄关看到的客厅。土间的地板高度稍低。

洗衣机	1,140
WIC	
UT 走廊	3,180
冰箱	卧室

N

D

K

露台

沙发（定制）

电视柜（定制）+壁柜 L

玄关土间

储物间

2,730	910	1,350	455	910	2,730	3,640

2,275

1,590

1,590

平面图

B 电视和电视柜在储物间的背面。

从餐厅饭桌看到的沙发景色。电视机在壁柜内（照片右侧），从餐厅是看不到的。天花板上的长管是为了防止屋顶裂开。

C 看电视的时候就应该全身心放松，所以电视机正面摆放了长椅沙发，还配有充电插座。

可移动式电视柜
收放自如

很多人都希望可以在餐厅一边与家人开心用餐一边看电视，不需要的时候电视最好能收纳在餐厅以外的地方。要解决这个问题，只需在电视柜的可移动性上多花些功夫即可。

神户大仓
山之家　　设计：H&一级建筑师事务所　摄影：笹之仓舍（笹仓洋平）

从土间玄关看到的走廊与客厅和餐厅。书架完全遮挡住了厨房。

电视柜处于收纳状态（左）以及拉出使用时的状态（右）。收纳状态时，完全隐藏在壁柜内，使用的时候可以移动至方便观看的位置。

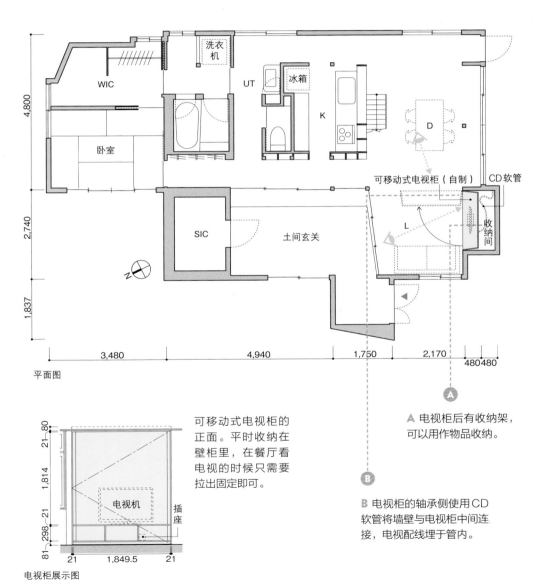

平面图

可移动式电视柜（自制） CD软管

洗衣机

冰箱

WIC

UT

K

D

卧室

SIC

土间玄关

L

收纳间

Ⓐ

Ⓑ

4,800　2,740　1,837

3,480　4,940　1,750　2,170　480 480

电视柜展示图

21-80　21-21　1,814　81-298-21　81

21　1,849.5　21

电视机

插座

可移动式电视柜的正面。平时收纳在壁柜里，在餐厅看电视的时候只需要拉出固定即可。

Ⓐ 电视柜后有收纳架，可以用作物品收纳。

Ⓑ 电视柜的轴承侧使用CD软管将墙壁与电视柜中间连接，电视配线埋于管内。

再见了，玄关！

日本的住宅往往需要脱鞋进入，因此，一般会设计一处地面有高低落差的玄关来区分室内与室外。但是，随着住宅与生活方式越来越多样化，玄关的形式也越来越新颖，甚至超越了以往的设计理念。

玄关

反其道而行之：不设玄关

玄关往往比我们所想得要占面积。如果家中只接待亲朋好友的话，那么不设玄关也是一种选择。为了保证与周围自然环境的亲密感，本案例中的房子选择设计成平房。由于希望突出内部与外部的紧密连接，因而取消了室内玄关的设计，直接由室外过渡到室内。

屋岛之家　　设计：向山建筑设计事务所

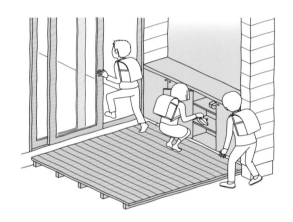

鞋柜摆放在屋檐下，地面铺上竹板，室内不再设计玄关。原来的玄关处就像幼儿园的入口那样简洁又大方。

A 玄关拉门前的地面铺有竹板，方便脱穿鞋。　**B** 屋檐外伸1820mm，直接搭在玄关上方形成门廊。

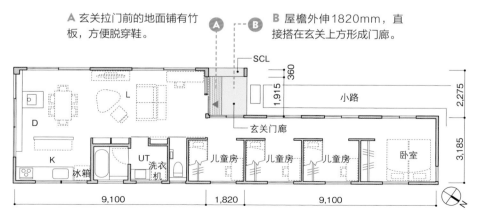

平面图

敞开式庭院入口兼作玄关

玄关常常被定义为"连接室内外的场所"。我们不妨换一个角度去思考——不需要特别设计一个玄关，而是让某一空间具备玄关的功能即可，如此一来，可选择的方案便多了起来。本案例中的房子主人喜欢摆弄跑车，室外有较大面积的车库与带有库房的庭院，按照他的要求，在连接室外与室内的通道处设计了一个敞开式的入口，同时兼作玄关。

贵志川之家　　设计：松浪光伦建筑企划室　摄影：松浪光伦

可以穿过小路到达客厅的敞开式入口（即玄关）。照片靠前位置是外廊。

B 信箱设在车库内，方便投递与拿取。

A 兼作玄关的敞开式入口无法在外部上锁。外出时需要将库房锁门。

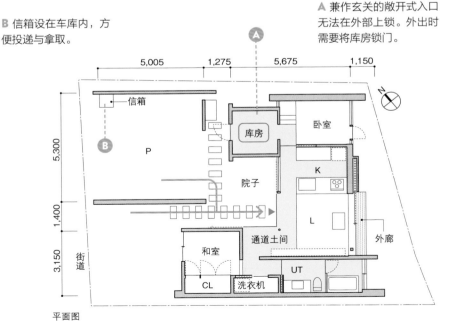

平面图

打造一体化的玄关与客厅

玄关

　　面积较小的房子较难规划出玄关的面积。可以考虑把玄关处的空间融入客厅与餐厅之中，最大限度地利用空间。此时，关于室内的隐私问题就不得不多花一分心思了。玄关正对面是骨架楼梯以及一面格栅隔断，很好地避免了从玄关直接看到餐厅的问题。

北町之家　　设计：向山建筑设计事务所　　摄影：藤井浩司

骨架楼梯与格栅隔断可以令2楼射入的阳光直达1楼，楼梯踏板的木料还可以用来作电视柜。

▲ 客厅与餐厅分别处于对角线两端，通过视觉效果增加空间的宽阔感。

通往2楼的楼梯是由格栅木条铺成的，阳光可以穿过地面洒向1楼。

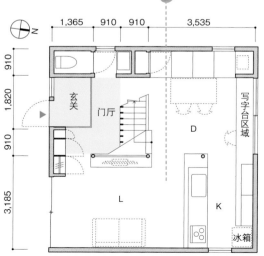

平面图

让显眼的玄关大门融入墙面框架之中

玄关

近年来，客卧合一的大开间式平房越来越受欢迎。为了保证住户的隐私，这一类型的房子的玄关大门设计就变得尤为重要。玄关大门位于外部街道看不见的位置时，可以节省空间，直接省去玄关，令大门直通客厅。室内设计时，可以把大门融入室内装饰之中，从而达到隐藏大门的目的。

求院之家　　设计：春夏建设事务所　　摄影：中村雄

平面图

▲ 在玄关大门外设计了一面影壁墙，防止玄关直接暴露在路人的视线中。

玄关大门与定制家具融为一体，仿佛是室内装饰的一部分。

玄关大门与所在墙面的装饰柜架的材料和风格完全统一，丝毫没有违和感。

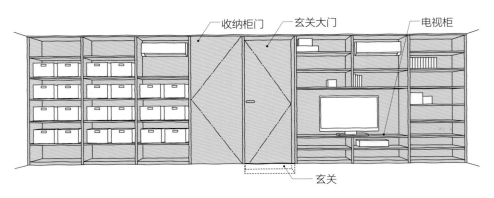

收纳柜门　　　　玄关大门　　　　　电视柜

玄关

让玄关变身成钢琴室

占用一定面积的玄关如果仅仅发挥出入功能的话，未免过于浪费了。在房屋面积有限的情况下，可以充分参考住户的生活习惯，最大限度地利用空间。本案例中的家人表示，"希望有个能够专心练琴的空间"。应他们的要求，将三角钢琴摆放在了玄关。旁边就是儿童房，进出也十分方便。

W先生之家　设计：寺林设计工作室　摄影：寺林省二

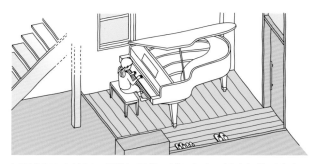

玄关铺上了木地板。摆放钢琴的区域和入户区域木板排列方向不同，用以区分功能区间。

玄关的地板使用了18mm厚的复合木地板（油面），防水防滑。

▲ 由于玄关面向街道，琴声不会打扰到隔壁邻居。

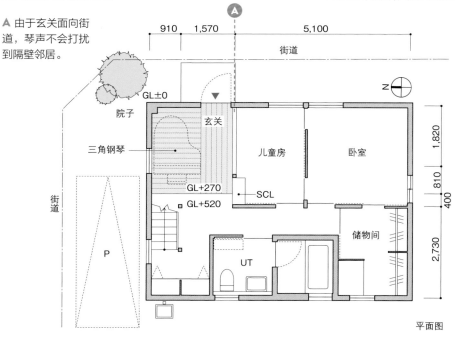

平面图

无论什么户型，
都要有好的视野

近两年来的家装布局设计十分注重"视野效果"。即使土地面积狭小，也不能一股脑儿的什么都塞进去，而是要考虑拉伸院子以及客厅的视野，让室内也能享受充满魅力的户外环境。借助于外部环境的视野效果，也能够让室内空间更加宽阔。

狭长型住宅用地也要确保视野效果

当遇到面宽窄、较狭长的住宅用地时，可以将建筑物交错布局，让所有的房间都能看到外面的景色。在本案例中，东西狭长的住宅用地东北方向可以眺望山峦，因此将建筑物的主体南北错开，无论从哪个房间都能享受山峦的景色。

船冈山之家　　设计：中山建筑设计事务所　摄影：中山大介

从餐厅看到的露台和楼梯。每次看去满眼都是院子里的绿色。

A 两幢建筑物用楼梯相连接，由于错开而出现的小空间做成露台。

B 由于房屋遮挡住了前方街道，院子深处的空间不会被外人打扰，可以作为户外客厅进行各种活动。

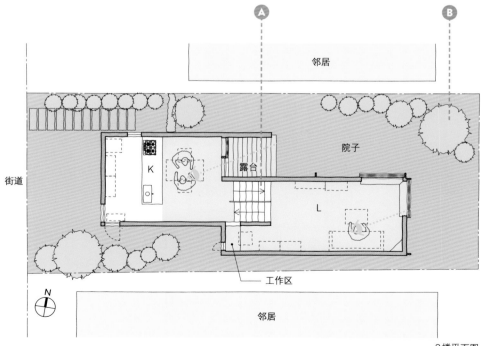

邻居

院子

街道

K

露台

L

工作区

邻居

N

2楼平面图

41

转角型住宅用地适合L形布局

转角型住宅用地的两条边线往往靠近街道的交叉口，设计房屋时，应将房子设计成L形，把院子围绕起来，与街道保持一定距离。本案例中的房屋将2楼客厅的大门设计成朝向庭院，达到了扩展视野的效果。既与街道保持了一定距离，又可以欣赏庭院风景。为了在保证住户隐私的同时，也营造出放松的氛围，将开放式餐厅设计在了2楼。

伏见之家　　　设计：中山建筑设计事务所　　摄影：中山大介

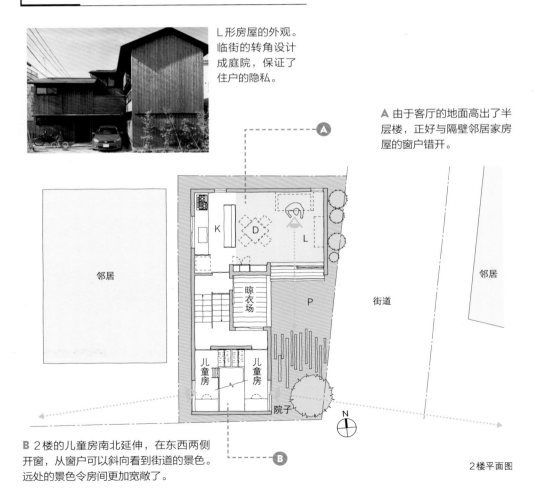

L形房屋的外观。临街的转角设计成庭院，保证了住户的隐私。

A 由于客厅的地面高出了半层楼，正好与隔壁邻居家房屋的窗户错开。

B 2楼的儿童房南北延伸，在东西两侧开窗，从窗户可以斜向看到街道的景色。远处的景色令房间更加宽敞了。

2楼平面图

客厅餐厅L形布局，相看两不厌

视野

平面呈L形的房子，内部房间可以考虑对角线布局，让房间之间保持一定独立性，又不缺紧凑感。本案例中将客厅安排在靠近街道的一侧，餐厅则安排在客厅的对角线一端的位置上。客厅与餐厅相互位于对角线两端，视野得到了充分的延展，从厨房也能够同时看到客厅与餐厅。开放式的餐厅与温馨团圆的客厅，无论哪一个都是最佳选择。

枫之家　　设计：岛田设计室　摄影：西川公朗

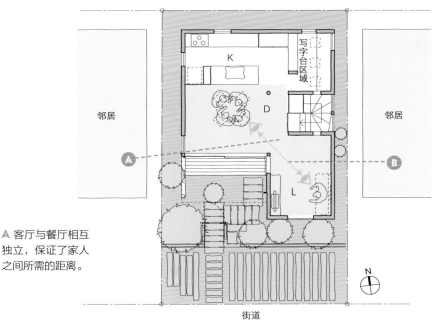

A 客厅与餐厅相互独立，保证了家人之间所需的距离。

2楼平面图

B 两个空间分别处于对角线两端，拉长了视野距离，让空间更加宽敞。

从厨房看到的餐厅和客厅。还能看见窗外的景色。

在南北两侧设计宽敞的庭院

在一般的设计方案中，房屋在北，庭院在南。但如果土地面积足够宽广，就可以设计两个大型庭院，于中间腾出一片视野通透的舒适空间。然后，在这片空间里设置客厅、餐厅和厨房。餐厅在北，客厅在南，餐厅面朝北方，日照均衡。南侧的庭院可以设计成趣味十足的家庭菜园。

四街道之家　　设计：牡丹设计　摄影：浅川敏

东侧外观。照片左侧是客厅的窗户。

▲ 为了设计趣味十足的家庭菜园，必须保证南侧庭院足够宽敞。

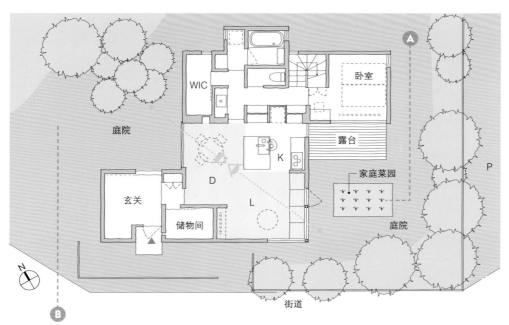

B 北侧庭院光照稳定，一整天都可以顺光观赏，不刺眼，庭院看上去也更加漂亮。

1楼平面图

视野

利用"く"字形平面，让客厅朝向正南

房屋的门窗和长屋檐都在正南方，屋檐在夏天可以遮挡阳光，门窗在冬天可以增加采光，这样的房屋一年到头都很舒适。但是，如果住宅用地的朝向不正，且按照住宅用地的朝向建造房屋，那么客厅和门窗就不能朝向正南。这种情况下，果断地将房屋建造成"く"字形也不失为一种选择。这样一来，虽然玄关正对着马路，但客厅朝向正南，客厅内的空间明亮又舒适。

N家　　设计：野口修建筑工作室　摄影：野口修建筑工作室

A 曲折的走廊连接着玄关和客厅。玄关通向房屋内部的走廊能够吸引视线，不仅增加了深度，还能让人联想屋子内部的样子。

利用木墙遮挡前方街道，保护个人隐私。

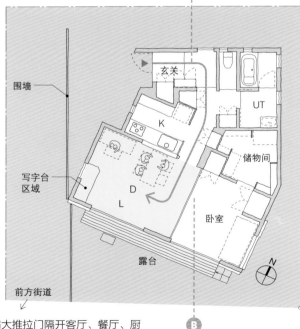

平面图

B 利用4扇大推拉门隔开客厅、餐厅、厨房和卧室，腾出足够的收纳空间，会客时拉上拉门，也不会显得过于凌乱。

45

个性化空间的
营造方法

一直以来，日本的住宅都是按照"夫妻＋孩子"的小家庭模式设计的。

但是近年来，家庭的结构变得多样化。

当生活方式不同的人住在一起时，如果每位家庭成员都能享有一个自在舒适的"容身之处"，那么生活也会更加丰富多彩。

在直通玄关的工作区里顺利商谈

如果业主平时是居家办公，那么就需要根据职业和工作内容来决定工作区的位置。在这栋房子里，为了方便与到来的客人商谈，将工作区设置在直通玄关的地方，距离客厅、餐厅和厨房都很近，工作时能够感受到家人的气息，沟通也会变得很顺畅。

川边之家　设计：NL设计工作室　摄影：丹羽修

客人只能进入玄关和工作区，不会暴露家人的隐私。

▲ 厨房通过开放式餐厅与工作区相连，可以同时工作和做饭。

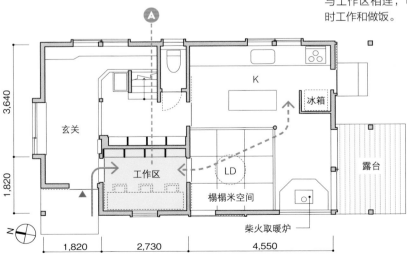

1楼平面图

在家人团聚的场所附近设置半封闭的兴趣屋

很多人喜欢待在房间里专心做自己喜欢的事。但是，如果专门打造一个封闭的兴趣屋并不方便，会使自己与家人产生隔阂，现实中还经常出现弃置不用的情况。而该案例在家人团聚的客厅角落设置了一间舒适的兴趣屋（酒吧兼音乐角）。

东埼玉之家　设计：及川敦子建筑设计室　摄影：工作室 铃木晓彦

尽量控制门窗的尺寸，三面都是墙壁，隐蔽感十足。

紧挨着餐厅的安静空间。既有家庭氛围，又有隐蔽感，是个放松休息的好地方。

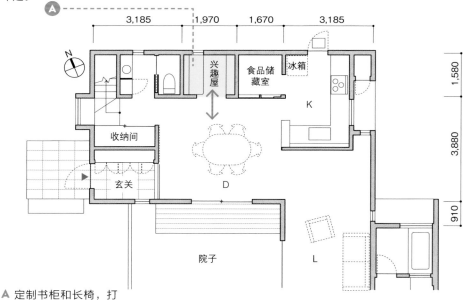

A 定制书柜和长椅，打造狭小舒适的空间。

1楼平面图

利用阳台柔缓地分隔两个卧室

个性化空间

　　不同的家庭有着不同的生活方式，比起客厅，有的人更重视个人卧室的舒适感。这栋房子里住着年岁已高的兄弟二人，可以自由支配的卧室是彼此生活的主要空间。在阳光充足的2楼，利用阳台分隔出各自的房间，而通过面向阳台的落地窗户又可以感觉到对方的气息。

藏前之家　　设计：古川智之建筑设计室　摄影：古川智之建筑设计室

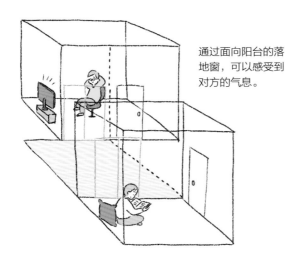

通过面向阳台的落地窗，可以感受到对方的气息。

从房间2看到的阳台。屋内有一个大型书柜。

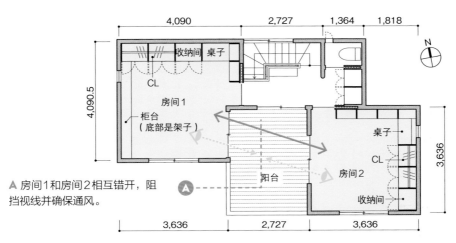

▲ 房间1和房间2相互错开，阻挡视线并确保通风。

1楼平面图

在车库上方设置工作区

　　如果在住宅内设置正式的工作区，那么如何切换工作和私人空间将会成为一大问题。在这个案例中，工作区没有设置在主屋内，而是放在了自行车车库的2楼。在工作和私人生活之间保持物理上的距离，即使你和家人的作息时间不一致，也可以集中精力工作。

N家　　设计：野口修建筑工作室　摄影：野口修建筑工作室

整洁舒适的工作区内部。

利用外部楼梯，从面向1楼客厅的土间进出工作区，从主屋可以轻松抵达。

▲ 外部楼梯与面向客厅的土间相连，生活上十分便利。

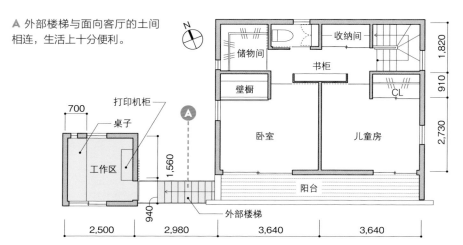

2楼平面图

把储物间内部改造成兴趣屋

"即使多少有些不便，也想一个人待在房间里做自己喜欢的事"，对于这样的人，把储物间等宽敞的收纳空间的一部分当作兴趣屋也不失为一种方法。这里根据爱好摄影的住户的要求，在储物间内部设置了没有窗户的暗室。暗室中有两道门，光线透不进来，且不用担心工作时有人进来，可以安心工作。

入间町之家　设计：向山建筑设计事务所　摄影：藤井浩司

上：从厨房透过开放式餐厅和储物间看到的兴趣屋。
下：从院子里看到的露台。右侧后方是兴趣屋。

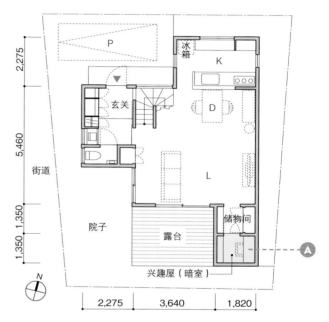

1楼平面图

▲ 在光线不好的1楼设置储物间和暗室，在光线充足的2楼设置晾衣间（阳光房）。

住户希望在冲洗照片时不受光线的影响，为此设置了暗室。

51

进化的儿童房

孩子和父母一起生活的时间其实并不长。

最近有许多业主要求不设计专门的儿童房，而是根据孩子的成长，设计长大以后也能使用的房间。

因此，必须考虑用最小的面积设计出孩子们独立后也能使用的房间。

在多功能空间里设置大型家具

儿童房

即使不给孩子设置单间，也要确保孩子有足够的活动空间，这里推荐宽敞的多功能空间。在开放式的空间里，只需一张桌子或一件箱形的大家具，就能布置好孩子的活动区域。孩子的活动区域很容易堆满凌乱的玩具和学习用品，所以要和客厅、餐厅等有访客的场所分开。

甲南山手之家　设计：长谷川设计事务所　摄影：长谷川总一

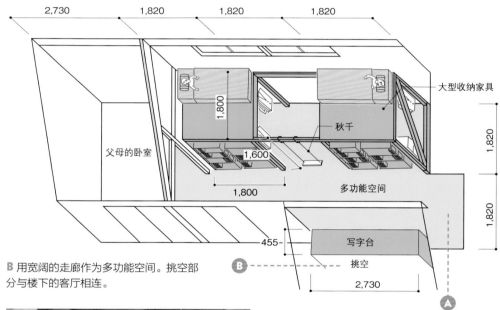

2,730　1,820　1,820　1,820

父母的卧室

1,800

1,600

1,800

秋千

大型收纳家具

多功能空间

1,820

1,820

455

写字台

挑空

2,730

B 用宽阔的走廊作为多功能空间。挑空部分与楼下的客厅相连。

A 如果在这里摆放大号箱形家具，不仅能像步入式衣帽间一样使用，还能放置床铺或作为封闭空间。

右侧是儿童房。左侧挑空空间旁边设置了公共写字台。

极简且无间隔的宽敞房间

如果想要尽可能地缩小父母的卧室和儿童房的面积，只需要拆除房间和走廊之间的隔断墙，将走廊当作房间的一部分。如果将来可能会有兄弟姐妹分割儿童房，为了避免争执，必须尽量保持房间面积和门窗大小一致。另外，不要忘记在每个房间安装插座。

柳桥之家　　设计：前田土木工程公司　摄影：architect

从1楼厨房向上看是2楼的儿童房。

A 天花的梁裸露在外面不做包覆，今后可以参考房梁的位置设置隔断墙。

B 预先在走廊和儿童房之间设垂壁，之后设置墙壁时会方便很多。

斜梁（露出）

儿童房

父母的卧室

连廊

垂壁

挑空

走廊

3,640

1,820

2,730

016

A

B

客厅与儿童房合并

儿童房

为了随时都能观察孩子的情况，很多人希望将儿童房设置在客厅、餐厅、厨房附近，但多数情况下难以确保客厅、餐厅、厨房旁边的单间面积。在这种情况下，可以只留出床的空间，让兄弟姐妹尽量共享桌子等物品，以节约空间。

Berrys House

设计：罗汉柏建筑工房　摄影：漆户美保

A 孩子们小的时候，儿童房可以当作公共的游戏场所，随着孩子们的成长，逐渐替换成单间。孩子们独立后还可以使用父母的兴趣屋。

B 在儿童房上方还可以增加夹层或阁楼，确保空间面积可扩展。

从餐厅抬头看向儿童房。

C 必须给每个孩子准备独自睡觉的地方，但可以共享桌子等物品，节省空间。

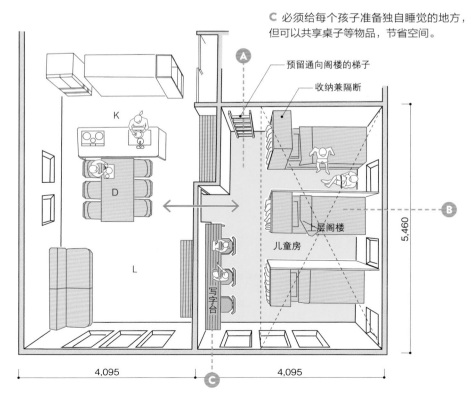

预留通向阁楼的梯子

收纳兼隔断

K

D

L

写字台

上层阁楼

儿童房

5,460

4,095　4,095

儿童房

卧室与儿童房合并

　　设置一间全家人都能睡下的大房间，然后根据需要进行分割。孩子小的时候可以和家人睡在一个房间，长大后需要单间的时候再设置隔断。这里考虑到将来要分割房间，预先设置了3个出入口和3个房间的开关、插座。等孩子独立离开家后再把隔断撤掉，就能改造成夫妇共享的宽敞房间。

孩子小的时候

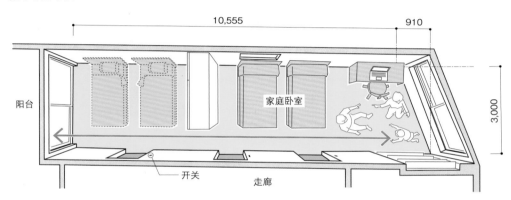

▲ 用宽度为455mm的收纳家具将
孩子的房间与父母的房间隔开。

未来，将摆放了4张床铺的大型家庭卧室分割成主卧室和两个孩子的房间，为了确保隐私，需要在主卧室和孩子的房间之间设置隔断墙。

孩子需要单间的时期

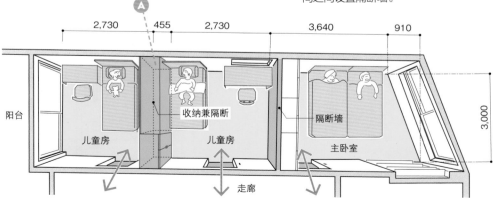

PART2

第二章

利用13条动线设计房间布局

动线1

厨房动线

缩短室外到厨房的移动距离

在收纳购买的物品，或清理生活垃圾时，总是要在室外和厨房之间来来回回。缩短室外到厨房的距离，能够创造出高效的"厨房动线"。为了提高厨房动线的效率，除了玄关到客厅等的"表动线"之外，还要设置直接连接室外和厨房的"里动线"，缩短移动距离。如果在厨房动线上设置食品储藏室等收纳空间，就可以把做饭所需的大部分工作都集中在一起，提高做家务的效率。如果在厨房周围设置盥洗室和家务室，构成回游动线，就能将洗衣等其他家务动线也集中在厨房周围，让做家务变得更加轻松。

厨房动线的方案

方案 ❶

利用里动线连接玄关和厨房

这是一种利用里动线连接玄关和厨房的方案。为了创造最短的厨房动线，可以将厨房设置在玄关旁边，如果中间设置食品储藏室和盥洗室，就能构成效率更高的家务动线。

方案 ❷

从后门到厨房更加方便

在这种方案中，重要的是在连接房屋内外的动线上设置厨房的后门。如果能够从车库直接出入厨房，开车去购物就非常方便。不能设置方案1的里动线时，可以考虑这种方案。

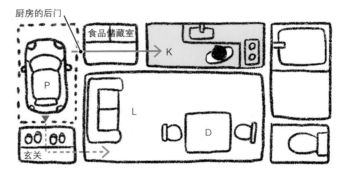

方案 ❸

将厨房设置在房屋中心

如果将厨房设置在房屋中心，那么连接其他房间的动线就会缩短，做饭、洗衣服、扫除等家务的效率就会提高。回游动线的优点是可以根据实际情况选择路线，行动自由度更高。

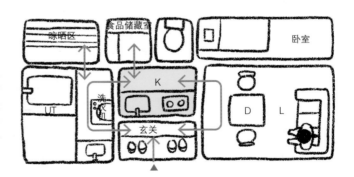

方案 ❹

将2楼的厨房设置在楼梯入口

连接玄关和2楼厨房的动线很长，上下楼也很麻烦，所以可以将玄关和厨房设置在楼梯附近，缩短动线。但是，如果在意客人的目光，就需要费些功夫，避免从楼梯上看到厨房内部的全貌。

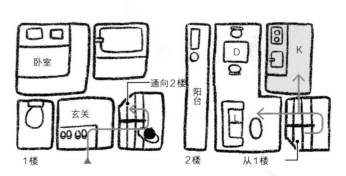

动线1

连通玄关→食品储藏室的厨房动线

这是从玄关经过鞋柜和食品储藏室，通向厨房的里动线的案例。在动线上设置食品储藏室，可以减少整理和存放食物时的麻烦（第59页方案❶）。

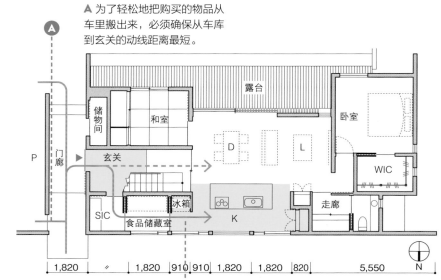

A 为了轻松地把购买的物品从车里搬出来，必须确保从车库到玄关的动线距离最短。

1楼平面图

B 客人通过门厅进入客厅和餐厅。即使鞋柜和食品储藏室很乱，客人也看不见，所以可以随意使用这两个空间。

冰箱隐藏在一体式客餐厅的隔墙（照片右后侧）中，在客厅中使用也非常方便。

"N家"设计：西和人一级建筑师事务所　摄影：西和人

动线1

以土间通道依次连接
厨房→客厅→餐厅

确保土间通道和厨房、客厅、餐厅间有一条方便的动线。如果不将土间通道当作单纯的通道，在通道两侧设置墙壁收纳区，并根据相邻的房间就近安排收纳物，就能将土间通道当作房屋的一部分使用（第59页方案❶）。

A 土间通道的尽头是露台（晾晒区）。通过设置厨房的后门，在厨房和盥洗室之间创造回游线。

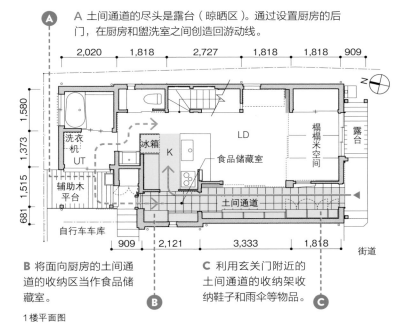

B 将面向厨房的土间通道的收纳区当作食品储藏室。

C 利用玄关门附近的土间通道的收纳架收纳鞋子和雨伞等物品。

1楼平面图

在面向客厅、餐厅的土间通道里设置了书架。书架的上下都设置了开窗，确保了土间通道和客厅、餐厅的采光和通风。

"H先生的家"设计：Nook工房建筑事务所　摄影：渡边慎一

→ 厨房动线　--> 洗衣动线　　61

动线1

3种动线

厨房、招待、回家的

这个案例中，同时设置了3种动线，即从玄关进入后，①经过食品储藏室的"厨房动线"，②直接经过开放式餐厅的"招待动线"（第104页），③经过盥洗室的高效"回家动线"（第86页）。根据不同的目的区别使用每种动线（第59页方案❶）。

A 将土间玄关延伸到食品储藏室，即使不穿拖鞋，玄关也不会显得脏乱。土间的地面可以用来临时堆放垃圾。

1楼平面图

B 玄关连接盥洗室的动线没有经过开放式餐厅，直接通向2楼的卧室，成为家庭专用的里动线。

C 土间玄关和盥洗室相连，会影响个人隐私，所以在中间设置了鞋柜。杂物摆放在鞋柜里，可以保持玄关整洁。

从客厅看到的厨房。图片左侧是食品储藏室。
"青叶台之家"设计：NL设计工作室 摄影：丹羽修

从餐厅看到的厨房。厨房柜面还可以用来收纳餐厅的物品。

动线1

从玄关和盥洗室都能抵达的厨房动线

本案例除了有直接连接玄关和厨房的动线，还设有经由盥洗室、步入式衣帽间、食品储藏室的里动线。这种布局可以一边做饭，一边洗衣服（第59页方案❶）。

A 如果是开放式厨房，那么厨房操作台的宽度就会受到限制，所以将厨房安排在较小的空间里，便于设置回游动线。

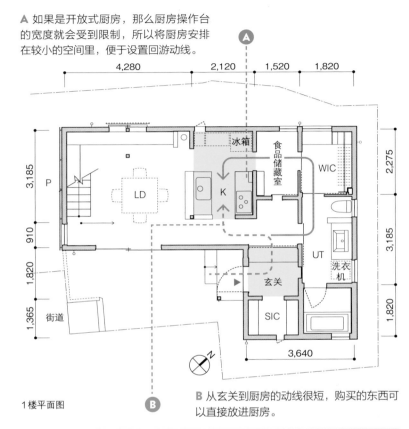

1楼平面图

4,280　2,120　1,520　1,820

3,185　910　1,820　1,365

冰箱　食品储藏室　WIC

P　LD　K

UT　洗衣机

玄关　SIC

街道

2,275　3,185　1,820

3,640

B 从玄关到厨房的动线很短，购买的东西可以直接放进厨房。

从厨房看到的客厅、餐厅。可以看到楼上的书房窗户（照片后部）。厨房虽小，但不拥挤。

"北镰仓之家"设计：NL设计工作室　摄影：丹羽修

→ 厨房动线（表）--> 厨房动线（里）　**63**

在厨房动线上设计通向后门的小路

从通向厨房后门的小路穿过食品储藏室就能抵达厨房。重点是将厨房的后门设置在日常行走的动线上。在这栋房屋里，厨房的后门被设置在连接街道、车库和玄关的动线上（第59页方案❷）。

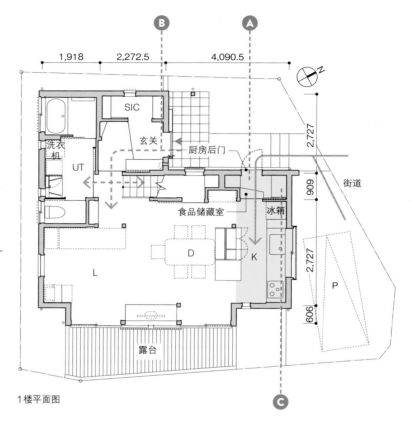

1楼平面图

A 食品储藏室的地面是用金属抹子抹平的灰浆地，可以穿着外面的鞋在里边取放物品，十分方便。在厨房一侧的杉木地板处换鞋。

B 以玄关为起点，通过缩短通向客厅、餐厅、洗衣机、2楼卧室的动线，使厨房动线以外的生活线更加高效。

C 食品储藏室的面积大约是1.62m²。天花板高2390mm，设置了许多可移动的通顶架子，确保了足够的收纳量。

小路直通后门和玄关。后门与食品储藏室相连，便于存放购买的东西。

"M先生的家"设计：Nook工房建筑事务所　摄影：Nook工房建筑事务所

动线1
连接内置车库的厨房动线

如果习惯日常开车购物，为了上下车时不被雨雪淋湿，可以考虑设置内置车库。设置一条从车库进入食品储藏室并通向厨房的动线，存取物品也会变得更加轻松（第59页方案❷）。

A 车库可以用来临时堆放垃圾。设置厨房的后门，便于运送垃圾。

B 车库不仅与厨房相连，还经过鞋柜通向玄关。可以根据回家的方式和目的自由选择最合适的动线。

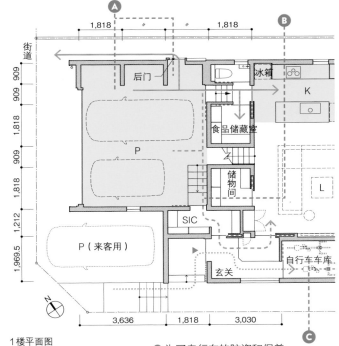

1楼平面图

C 为了自行车的防盗和保养，在玄关内设置了内置自行车车库。

从客厅看到的厨房。左侧后方是连接内置车库和食品储藏室的门。

→ 厨房动线　--▶ 车库通向客厅的动线　┅┅▶ 玄关通向自行车车库的动线　　**65**

动线1

中心点 厨房作为家务动线的

这间屋子的布局是将厨房设置在中心，然后在回游动线上设置其他房间。开放式餐厅、盥洗室、步入式衣帽间、玄关，以及其他房间都以最短的距离与厨房相连，因此可以一边做饭，一边做其他家务（第59页方案❸）。

A 厨房南侧是摆放全体家庭成员衣服的步入式衣帽间。衣帽间靠近盥洗室，能够保证洗衣动线（第68页）的效率。

B 厨房通向盥洗室的距离很短，可以一边做饭一边洗衣服。盥洗室的后门通向晾晒区。另外，盥洗室内也可以晾衣服。

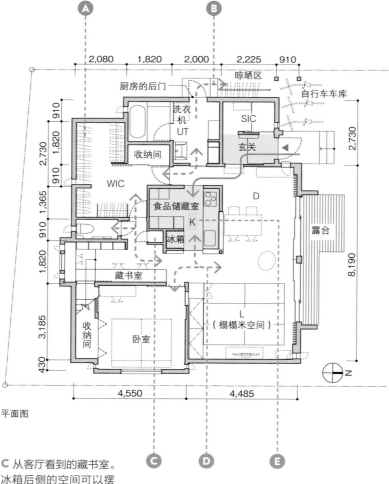

平面图

C 从客厅看到的藏书室。冰箱后侧的空间可以摆放扫除用具，还可以收纳扫地机器人和步入式衣帽间内使用的熨斗等物品。

D 卧室在1楼，通过很短的动线与厨房相连，大部分日常活动都在1楼。

E 食品储藏室设置在厨房里，与做饭有关的事可以在一个房间内完成。

"福岛之家"设计：小野设计建筑事务所　摄影：小野设计建筑事务所

动线 1

2楼厨房的动线

缩短通向楼梯的距离

为了兼顾采光和视野，可以将开放式餐厅和厨房设置在2楼，但这样容易使厨房动线变长。在这栋房屋里，厨房设置在靠近2楼楼梯口的位置，通过减少玄关到楼梯的距离，缩短厨房动线（第59页方案❹）。

A 食品储藏室设置在厨房正对面，隔着走廊，距离厨房很近，而且从开放式餐厅很难看到内部。

B 楼梯上方是壁龛装饰架，这样设置是为了防止从楼梯上看到凌乱的厨房内部。

C 厨房西侧是盥洗室，这种布局缩短了做饭和洗衣时的动线。

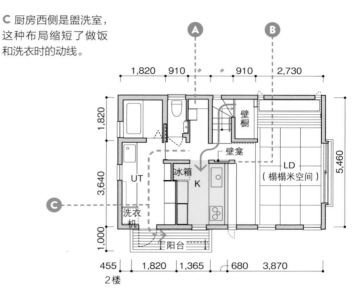

D 打开玄关大门，映入眼帘的是楼梯口。重要的是设计距离短、行动步数少的高效动线。

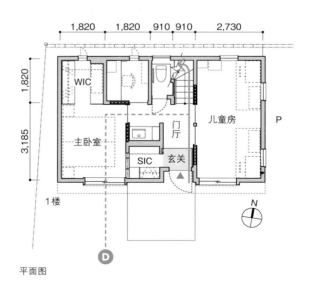

"Hanamizuki-home" 设计：罗汉柏建筑工房　摄影：漆户美保

→ 厨房动线　--→ 洗衣动线　**67**

洗衣动线

与洗衣有关的5项工作

　　洗衣服时，通常会有脱衣→洗涤→晾干→叠衣→收纳5项工作。如果能够尽可能地将这些工作安排在同一层，缩短"洗衣动线"，就能大幅提升洗衣效率。但是，住户们也经常提出"想要一边洗衣服一边做饭""一边看电视一边整理衣物"等要求。此外，面积上也经常有所限制，多数情况下无法在同一层完成所有工作。洗衣动线分布在不同层的情况下，至少要将洗涤→晾干→叠衣这三项工作安排在同一层，并根据房间的设置和住户要求，将脱衣和收纳两项工作从洗衣动线中分离出来。

注：本书中将晾衣间、客厅、餐厅、和室作为叠衣的房间。

洗衣动线的方案

方案 ❶

在同一层完成5项工作

这是在同一层完成洗衣动线的最高效方案。但是，盥洗室和晾衣间在同一层，厨房和洗衣动线就很容易分布在不同楼层，难以做到一边做饭一边洗衣服。

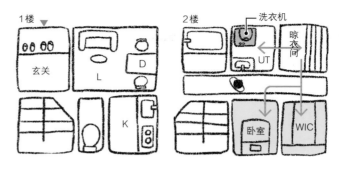

方案 ❷

从脱衣到整理在同一层

这是"收纳"功能（卧室、步入式衣帽间）分布在其他楼层的方案。浴室、盥洗室和厨房等有水的房间和晾衣服的房间（晾衣间）在同一层，可以一边做饭一边洗衣服。

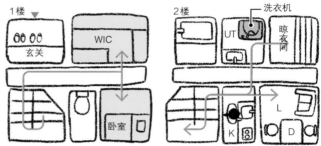

方案 ❸

从洗涤到收纳在同一层

面积小的房屋很难实现方案1。这种情况下，可以将浴室、盥洗室与摆放洗衣机的晾衣间、卧室（步入式衣帽间）设置在不同的楼层。这样布置，最长的动线是将脱下的衣物运送至洗衣机的搬运动线，其他环节效率相对较高。

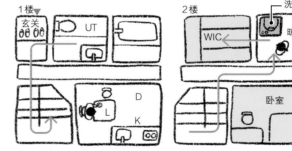

方案 ❹

从洗涤到叠衣在同一层

在楼层面积小的住宅里，一边洗衣一边做饭时效率最高。这是一种在厨房附近放置洗衣机和晾衣服的房间（晾衣间）的动线。如果上下楼的次数较多，最好将盥洗室和步入式衣帽间设置在楼梯附近。

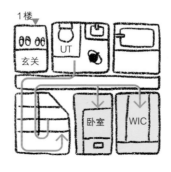
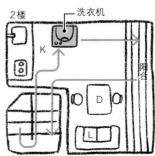

让洗衣动线汇集在能洗衣服的浴室中

在面朝楼梯的浴室墙壁上开窗，确保采光和通风。楼梯间顶部设置了可开关的天窗，保证通风。

在这栋房屋里，为了节约空间，浴室可以用来晾晒衣服，洗衣动线全部集中在同一层。3楼最上层的墙壁开口处和天窗可以满足采光和通风，最适合晾晒衣服（第69页方案❶）。

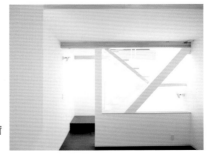

光线从楼梯间顶部的天窗透过楼梯照亮1楼。

"10m之家"设计：石井井上建筑事务所　摄影：石井大

70

浴室、盥洗室直通卧室,十分方便。

A 为了在室外晾晒衣服,卧室的窗户后缩300mm,保证晾衣竿能够挂在屋檐上(600mm)。

B 将有水的房间集中设置在中心,使通向收纳房间的动线变得紧凑。

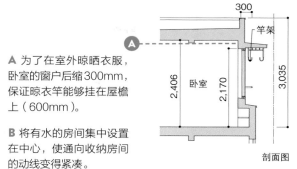

剖面图

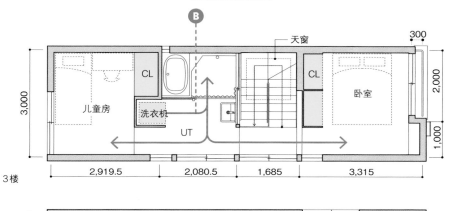

3楼

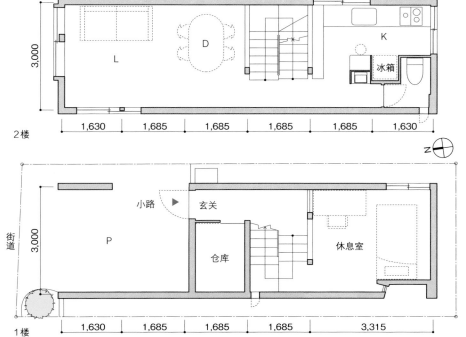

2楼

1楼

平面图

动线 2

在一楼的洗衣动线要注意遮挡视线

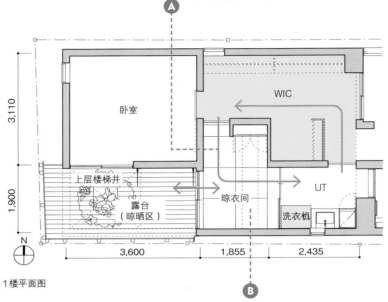

A 利用回游动线将盥洗室、晾衣间、步入式衣帽间连在一起，将洗衣工作集中在1楼。

3,110

卧室

WIC

1,900

上层楼梯井

露台
（晾晒区）

晾衣间

UT

洗衣机

N

3,600　1,855　2,435

1楼平面图

B 在晾衣间铺设榻榻米，不仅能够晾晒衣服，还便于整理。

在1楼完成洗衣动线后，如何确保晾晒区的隐私性成为一大问题。这个案例的住户喜欢在晾晒区外的小露台晾晒衣服，利用露台的百叶窗栏杆遮挡视线（第69页方案❶）。

从晾衣间看到的露台。露台周围安装了百叶窗栏杆，还在高处安装了栅栏。上层的楼梯井开了天窗，通风良好，易于干燥。

"立体坪之家"设计：一级建筑师事务所ROOTE　摄影：河田弘树

动线2

兼具洗漱和晾衣功能的走廊

这一布局将盥洗室前的走廊的一部分当作晾衣兼洗漱场地。在放置洗衣机的盥洗室和晾晒区，完成脱衣→洗涤→晾干→叠衣的步骤，然后将整理好的衣物收纳进同一层的其他房间（第69页方案❶），轻松完成做洗衣家务的动线。

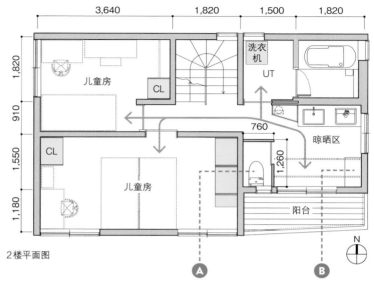

2楼平面图

A 为了稍稍扩大晾晒区的面积，只能尽量缩小卫生间的面积，用30mm×40mm底材两面粘贴15mm厚的塑料板，当作隔断墙。

B 在晾晒区的一角设置收纳架，也可以作为叠衣服的工作台。

将走廊的一部分当作晾晒区，并设置两个洗漱台，梳洗的时候不再拥挤。
"空月房"设计：岛田设计室　摄影：牛尾干太

动线②

利用回游动线将厨房和盥洗室连在一起

如果在1楼厨房附近完成从脱衣到叠衣的4个步骤，就能一边做饭一边洗衣服。步入式衣帽间在2楼，虽然收纳整理好的衣物的动线很长，但每天出门前的准备很方便（第69页方案❷）。

利用较大的开口将客厅和露台连在一起。露台铺设木板，室内外融为一体，看上去更加宽敞。

房屋外观。从前方街道无法看到露台1。

从客厅看向厨房。2楼是儿童房，通过挑空与客厅相连。

"双重屋顶之家"设计：一级建筑师事务所ROOTE　摄影：河田弘树

A 卧室和儿童房共享一个步入式衣帽间。集中收纳工作，提高效率。

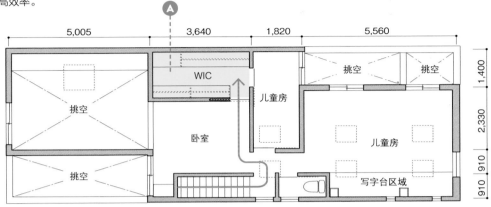

2楼

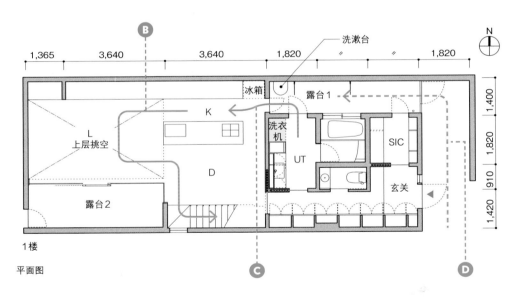

1楼

平面图

B 在客厅的沙发和餐厅的桌子上整理晾干的衣物，然后收进2楼的步入式衣帽间。

C 从厨房到盥洗室需要经过可以晾衣服的露台1，由一条很短的动线连在一起。

D 用水场地周围设置了回游动线，可以根据需要选择最合适的路线。同时，还设计了一条穿过玄关门廊，不经过室内直接进入厨房的厨房动线（第58页）。

→ 洗衣动线　⇢ 厨房动线

动线 2

步入式衣帽间在楼梯附近 提高叠衣→收纳的效率

A 盥洗室对面是晾晒区（阳台2），阳台一侧有墙壁遮挡，保证了隐私。

B 增加了盥洗室的面积，也可以在室内晒衣。

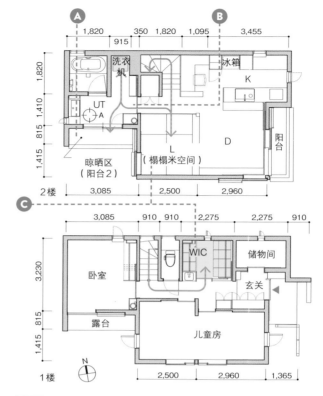

平面图

C 楼梯平台的对面是铺有榻榻米的地台，可以在这里叠衣物，用最短的动线送到1楼的步入式衣帽间收纳。

在本案例中，从脱衣到叠衣的动线全部集中安排在2楼。在2楼叠好衣物后搬至1楼收纳。为了提高收纳部分的效率，在楼梯附近设计了全家共用的步入式衣帽间。下楼之后立刻就能将衣物放入衣柜，大大缩短了收纳的动线（第69页方案❷）。

D 盥洗室的墙壁设计成整面的墙柜，收纳空间十分充足。洗衣机上方墙壁也设计了摆放洗衣液等的架子。

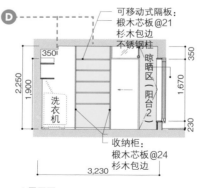

A展开图

"三鹰之家Ⅱ"设计：松原正明建筑设计室　摄影：松原正明

动线2

巧用室内阳台缩短
洗涤→叠衣动线

为了让洗衣与做饭更加有效率地进行，把洗衣机安置在2楼厨房的附近。室内阳台既可以作为客厅与餐厅的延伸，又能用来晾晒衣物，还保证了洗涤→叠衣这一条动线与厨房动线在同一层进行（第69页方案❹）。

A 3楼的儿童房安排在楼梯两端。卧室之间都有一定距离，以保证家庭成员之间的隐私。

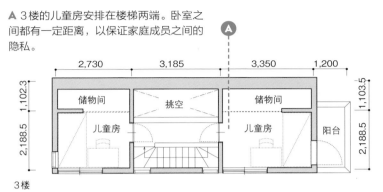

3楼

B 为了保证室内阳台的通风，在南北各开了一个通风小窗。

C 洗衣机摆放在厨房操作台的对面，做饭洗衣两不误。

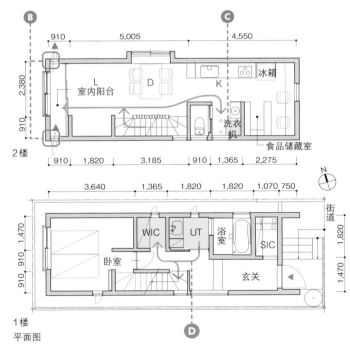

2楼

D 优先考虑卧室的生活与行动，在1楼配备了盥洗室、浴室。楼梯附近就是盥洗室和步入式衣帽间，大大地缩短了洗衣动线。

1楼
平面图

"东伏见之家" 设计：风祭建筑设计　施工：真柄工务店　摄影：漆户美保

动线 2

方便高效的
同层洗涤→收纳动线

本案例中，1楼是盥洗更衣室，2楼是配备有洗衣机的晾衣间。虽然要把清洗的衣物搬运上2楼，动线较长，但这样一来，洗涤→晾干→叠衣→收纳的工作就能在同一层完成（第69页方案❸）。

1楼的盥洗室。小窗令室内十分明亮。

晾衣间内的洗手池。可以用来打水浇花、洗抹布、洗鞋等。

"花田之家"设计：Noanoa
空间工房　摄影：大塚泰子

A 2楼的洗衣·晾衣间对面是朝南的阳台，日照充足。并且十分靠近楼梯，缩短了从1楼盥洗室到晾衣间的距离。

B 为了保证洗衣·晾衣间有充足的日照与通风，落地门窗开向南边的街道方向。阳台的楼梯扶手遮挡了外界的视线，不用担心室内被外面看到。

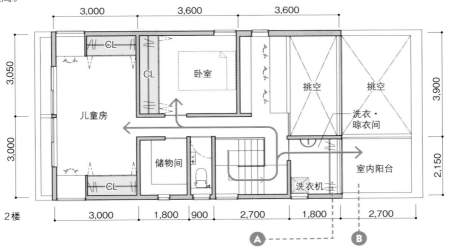

2楼

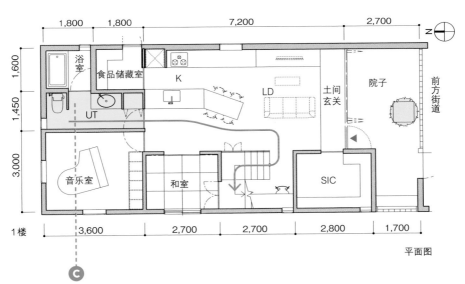

1楼

平面图

C 盥洗室没有放置洗衣机，使得盥洗室、浴室的空间规划更加简洁得当，空余出来的空间面积则增加给了音乐室。

面向庭院的墙使用的是玻璃砖，采光充足。

→ 洗衣动线　79

梳洗动线

用高效的梳洗动线开启舒适的一天

　　如果想要高效完成从起床到出门的准备过程，就需要认真地考虑"梳洗动线"。准备过程包括洗漱（化妆）、上卫生间、更衣、清点随身物品等好几个步骤。首先，卧室、盥洗室、马桶间、衣柜几个地方要尽量靠近。其次，不能只考虑距离上的近，还要考虑如何根据需求，在最短的距离内游刃有余地完成以上行动。回游路线能够令我们快捷顺利地完成出门准备。考虑到需要为家庭成员准备早餐或者便当，厨房也应尽量安排在靠近梳洗动线的路径上。此外，设计多个卫生间、盥洗室等用水场所可以有效地解决早上洗漱排队的问题。

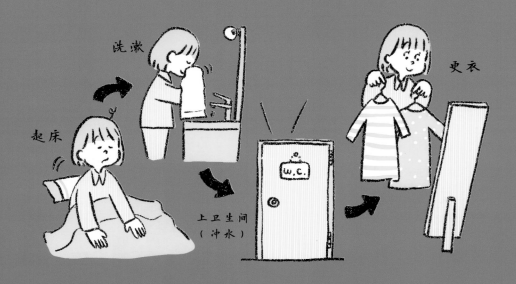

起床　洗漱　上卫生间（冲水）　更衣

梳洗动线设计方案

方案 ❶

卧室·盥洗室·马桶间·步入式衣帽间之间的回游动线

梳洗动线的基本方案。起床之后，洗漱、更衣，一部分人还会洗澡。四个场所之间的回游动线可以用最短的动线完成这些步骤。无论步入式衣帽间是否在卧室内，都不会影响动线的效率。

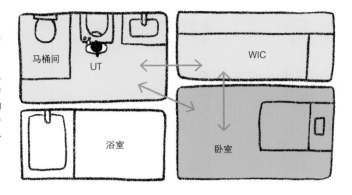

方案 ❷

让厨房靠近梳洗动线的路径，方便准备早餐

在梳洗动线中加入厨房的动线，可以在做出门准备的同时顺便做早餐或者便当。此外，该动线也可作为洗衣或者做饭等的家务动线。

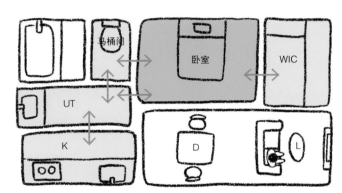

方案 ❸

设计多个用水场所，分散动线

家庭成员人数较多时，每天早上要上班上学，马桶间和盥洗室往往会人满为患，还会排起队来。设计时安排多个马桶间和洗漱台，就能很好地解决这个问题。此外，洗漱台不要设计在卫生间或者盥洗室内，应当把它独立设计在走廊。这样一来，就能大大缩短"等待的时间"。

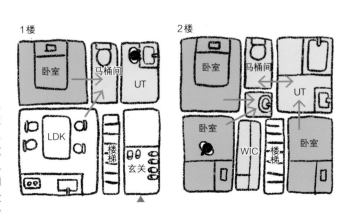

→ 准备动线　**81**

在玄关附近安排卧室、浴室、盥洗室、家务室、步入式衣帽间等功能空间，就能提高梳洗动线的效率。每个空间都是回游动线的一环，繁忙的早晨也不用担心梳洗工作会手忙脚乱了（第81页方案❶）。

上：从玄关看到的卧室（图中左侧部分）和步入式衣帽间（右侧部分）。步入式衣帽间往里是家务室、盥洗室等用水的场所，均在回游动线内。

下：卧室直通浴室和阳台，睡前和起床后的准备都十分方便。

"T-project" 设计：设计工房一级建筑师事务所 摄影：永野佳世

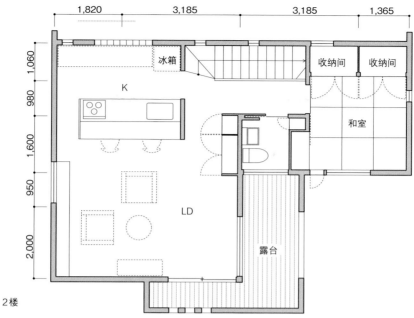

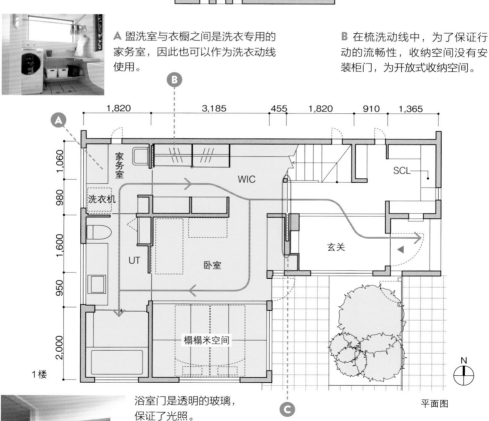

A 盥洗室与衣橱之间是洗衣专用的家务室，因此也可以作为洗衣动线使用。

B 在梳洗动线中，为了保证行动的流畅性，收纳空间没有安装柜门，为开放式收纳空间。

浴室门是透明的玻璃，保证了光照。

C 卧室与用水场所距离玄关很近，准备完成之后立刻就能出门。但与此同时，有客人到访时很容易暴露隐私空间。可以在玄关制作一个隔扇来遮挡。

→ 梳洗动线　83

厨房＋梳洗动线合二为一

高效率完成家务

将出门准备与做家务（洗衣）都会用到的盥洗室设计在卧室与厨房之间，就能同时兼顾准备动线与家务动线。此外，家里来客人时，家务动线就成为了里动线，就能够在不打扰来客的基础上，在卧室与厨房之间穿梭自如。

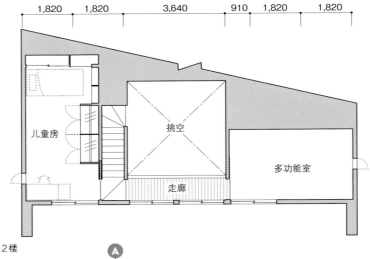

2楼

A 梳洗动线重视效率，卫生间设计在内部私人空间的中心位置。客人专用的卫生间则设计在玄关附近。

B 在该回游动线中，从卧室到马桶间、盥洗室、客厅都仅需数步。

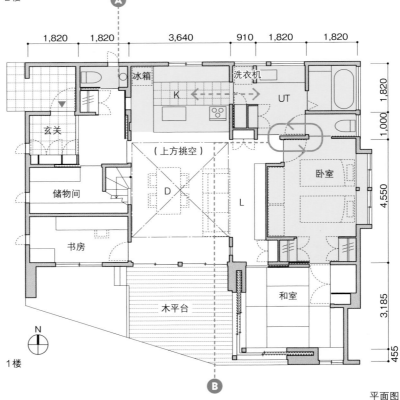

1楼

平面图

动线 ❸

走廊巧设洗漱台，分散梳洗动线

卫生间安排在距离全家人卧室较近的位置。卫生间外面的走廊可以再设计一个洗漱台，这样无需等待，随时都可以使用。1楼楼梯附近也有盥洗室，早晨就不用担心使用的人太多要排队了（第81页方案❸）。

A 一下楼梯就能到达盥洗室，住在2楼也不用担心了。

B 卫生间的外面有独立的洗漱台。

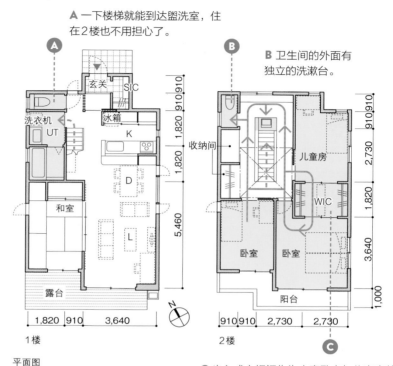

平面图

1楼

2楼

C 步入式衣帽间作为夫妻卧室与儿童房共用的衣柜，方便双方使用。

2楼的独立洗漱台。走廊的墙壁是开放式收纳柜，起床→洗脸→更衣的梳洗动线得以成立。

"小平之家"设计：风祭建筑设计施工：真柄工务店摄影：漆户美保

→ 梳洗动线　--→ 副准备动线　　**85**

动线 4

回家动线

回家直接进浴室，脏东西全部拒之门外！

　　劳累了一天，回到家里，我们常常不愿意把一身的疲惫和细菌带进客厅或餐厅中。多希望能直接去浴室把它们清洗掉，换身干净的衣服。在设计回家动线时，如果让玄关直接连通盥洗室或者浴室的话，就能够在一定程度上保持家里和身上的清洁。如果家里正好有处于爱玩年纪的孩子，最适合安排这类动线了。

回家动线设计方案

方案 ❶

从玄关到浴室的直通动线

从玄关可以分别直接去到盥洗室和客厅。回家后能够立刻在盥洗室清洁身上的污垢，然后以干净的状态进入客厅。

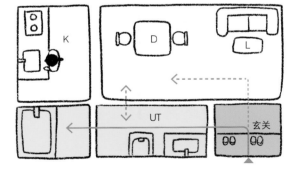

方案 ❷

步入式衣帽间作为中间站

在玄关与盥洗室的动线上加入步入式衣帽间，就可以在去浴室前将外套、通勤物品等先整理收纳。家里来客人时，也可以作为里动线使用。此外，还可以选择它作为早晨的梳洗动线的一部分（第80页）。

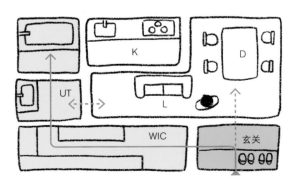

动线 **4**

用大空间的步入式衣帽间打造便捷的回家动线

A 盥洗室、浴室、马桶间、楼梯全部设计在走廊深处，来客人时就能毫无顾忌地使用。

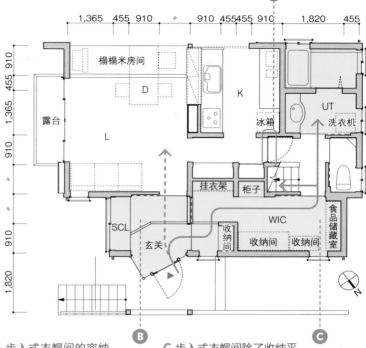

B 步入式衣帽间的容纳量十分可观，完全不用担心会占用玄关的空间。

C 步入式衣帽间除了收纳平时外出必需的物品外，还可以作为食品储藏室使用。

平面图

本案例中，在玄关附近设计了大空间的步入式衣帽间。将回家时带在身上的繁琐物品全部在步入式衣帽间收拾整理好，然后去浴室清洗，再进入客厅以及2楼的房间（86页方案❷）。

从门廊看到的玄关。左手边是步入式衣帽间的入口。

"Y府邸"设计：Nook工房建筑事务所　摄影：Nook工房建筑事务所

动线 5

儿童动线

兼顾亲子之间的合理距离与亲密感

能够让人随时随地感受到家庭氛围的室内布局非常受当下人们的喜爱。但另一方面，也有不少人希望父母的房间与孩子的房间保持合适的距离，避免两者太过于贴近。为了兼顾这两点，设计儿童房时，就有必要将父母与孩子的动线加以区分。

儿童动线设计方案

方案 ❶

以客厅、餐厅、厨房为中线，划分父母与孩子的房间

客厅、餐厅、厨房是全家人共同活动的中心，以此为中线，划分父母与孩子的区域。如果不希望家庭氛围过于割裂，可以考虑以楼梯或者走廊等区域作为缓冲。

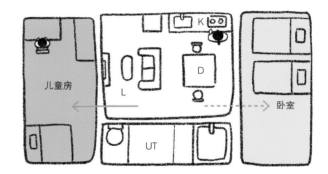

方案 ❷

固定孩子的主要活动区域

将孩子平时的娱乐区域或者儿童房的出入口设计在玄关附近，就可以在一定程度上固定孩子的主要活动区域。孩子的朋友到访时，也不会打扰到其他家庭成员。

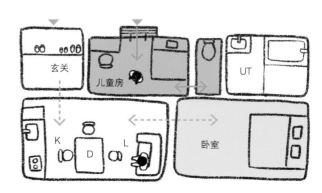

动线 5

以LDK为中心设计的立体儿童动线

A 将儿童房设计在客厅上方,孩子的动线就一定会穿过客厅等公共空间。

B 将客厅等公共空间作为中心包围起来,不仅能减少家庭内部的闭塞感,还可以保持家人之间舒适的距离。重视隐私保护的卧室设计在了1楼走廊最内侧。

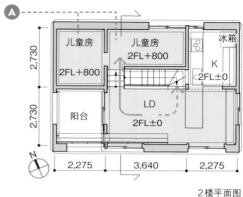

2楼平面图

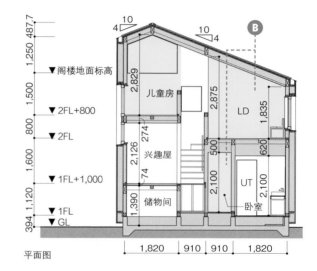

平面图

案例中的房屋以LDK为界线,将卧室、兴趣屋等属于父母的区域设计在了楼下,儿童房则设置在楼上。虽然不是同一层,但儿童房与兴趣屋之间没有安装门来分隔空间,所以孩子都能在各自的房间感受到在客厅活动的家人的气息(88页方案❶)。

带有阁楼的儿童房与开放式餐厅的楼梯井相连接。

"汲泽之家"设计:前田土木工程公司+成岛建筑设计 摄影:前田土木工程公司

动线 6

睡眠动线

上床前的动线是舒适睡眠的关键

　　不同的人对于睡眠时空调的温度、呼吸的声音大小等要求不同。夫妻或者家人之间生活习惯存在差异而导致的睡眠问题，都可以通过调整"睡眠动线"来解决。稍微花点心思，就能改善家人的睡眠环境。

睡眠动线设计方案

方案 ❶

两床之间加入隔扇
平时可以打开隔扇，睡觉时再关闭，双方都不会受到影响。可以根据自己的需求调节温度与室内明暗。

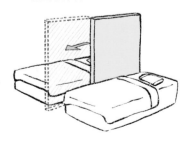

方案 ❷

分别设计各自的出入口
生活节奏有差异时，同卧室的夫妻可以各自在靠床的附近设计出入口。

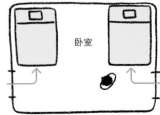

方案 ❸

用公共空间划分卧室
卧室分房时，可以利用共用的衣帽柜空间分隔。分隔出来的两个卧室空间功能完整，动线简洁、方便。

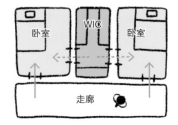

动线 6

在卧室加入隔扇，保证睡眠动线流畅

本案例中的卧室作为客厅的一部分，是家人每日生活的重要空间。睡觉时，为了避免受到对方打呼声的影响，在两张床之间加入了隔扇的设计。即便关闭隔扇，夫妻双方去往卫生间或者客厅的动线也不会受到影响（90页方案❶）。

A 分别设计了各自的出入口，即使关闭隔扇也不会受到影响。

B 入户的玄关处设计了格栅墙，可以有效地保障家庭隐私。

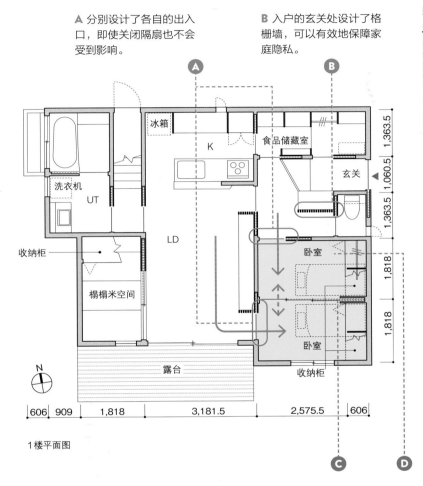

冰箱

K

食品储藏室

玄关

洗衣机

UT

LD

收纳柜

榻榻米空间

卧室

卧室

收纳柜

露台

N

1,363.5
1,060.5
1,363.5
1,818
1,818

606 909 1,818 3,181.5 2,575.5 606

1楼平面图

C 卧室的三扇隔扇可以完整地收入墙内。

D 卧室安排在了靠近卫生间的地方，但要保证不受用水声音影响。由于隔壁是卫生间，所以卫生间与卧室之间的墙体进行了隔音处理。

"花小金井北之家"设计：古川智之建筑设计室　摄影：古川智之建筑设计室

→ 睡眠动线　--> 普通动线　　**91**

两条睡眠动线，解决生活节奏差异的问题

如果一家人的就寝时间和生活节奏有差异，那么就需要设计出一条能够保证晚睡的人不影响早睡的家人的行动动线。本案例中，除了可以从走廊直接进入卧室之外，还设计了一条由步入式衣帽间进入卧室的动线。

A 除了由走廊直接进入卧室的动线，还增加了一条从步入式衣帽间进入的内部动线。

B 卧室与儿童房之间没有用隔扇进行空间分割，而是用衣橱、矮柜等家具进行平和过渡。今后可以考虑使用隔断墙等来分割空间。

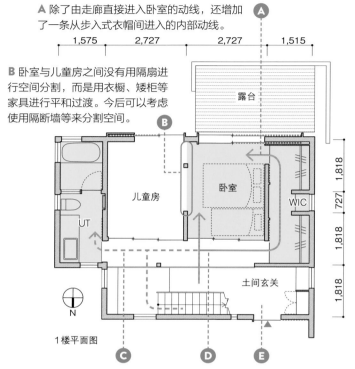

1楼平面图

C 为了保证洗澡的声音不影响已经熟睡的家人，浴室和卧室之间有一定距离，可以放心入浴。

D 洗澡→更衣→就寝，回家后的一系列活动可以全部在1楼完成。

E 放置自行车或者户外用具的土间玄关。

从卧室朝露台方向看到的景色。右手边的出口与步入式衣帽间相通。

"T先生的家"
设计：寺林设计工作室
摄影：寺林省二

→ 睡眠动线   --> 普通动线

动线 ⑥

利用公共衣橱分割夫妻的睡眠动线

A 步入式衣帽间也起到了连接走廊的作用，无需经过床边，就能直通玄关。

B 1楼直接到地面，除了步入式衣帽间与床1之间的承重墙外，布局可以自由改动。整体动线的回游性极佳，可以根据需求选择合适的动线。

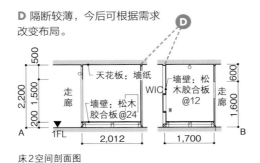

1楼平面图

C 玄关一侧集中安排了用水区域。中间隔着走廊，家人就寝时也可放心使用。

D 隔断较薄，今后可根据需求改变布局。

床2空间剖面图

天花板：墙纸
墙壁：松木胶合板@24
墙壁：松木胶合板@12

床2空间的地板稍高于地面（200mm），有点像胶囊旅馆。

夫妻分床且同住一间卧室时，可以通过公共衣橱分割夫妻双方的睡眠动线。这个方法也可以解决生活节奏不同、容易受到打呼声影响的问题（第90页方案❸）。

"矶部之家"
设计：前田土木工程公司＋青芋
摄影：山内纪人

公共步入式衣帽间（图中左侧）。床与走廊之间的隔断也可以当作衣柜使用（右侧）。

方便与附近邻居交流的玄关区域动线

当居住的小区老年人较多时，就需要设计一条"邻里往来动线"，保证与附近邻居的交流。恰当的邻里往来动线，可以使我们在打理院子的时候与邻居无拘无束地交谈。这不仅能让我们的生活更加美好，也有助于老年人的身心健康。

邻里往来动线设计的要点

要点 ❶

设计更有亲和力的大门和小路

用开放式的小路代替高高的大门或者院墙，可以令周围的邻居更加愿意登门拜访。此外，小路两侧种上一些花草，平时就可以一边浇水，一边与邻居聊天了。

要点 ❷

设计较宽敞的土间

在邻里往来的动线中加入比较宽敞的土间玄关，或者是能够入座聊天和休息的露台、外廊等设计，就可以很自然地邀请邻居来聊天做客，交流也更加轻松快乐。

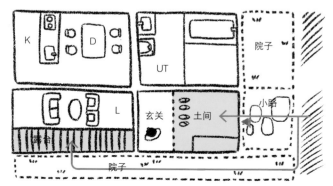

本案例对独居老人的家进行了改造，将所有日常生活的活动全部安排在1楼进行。为了方便和散步的邻居交谈，设计了从前门直通庭院后门的邻里往来动线。

动线7

动线

方便邻居前来搭话的

A 客厅和餐厅的楼梯井部分直通2楼屋顶，厨房能够获得充足的光照。客厅、餐厅以及和室都设计成面向外廊的开放式结构，有人到访立刻就能知道。

B 透过窗户可以看到往来的行人，方便互相打招呼。因此，和室的窗户设计得较大。

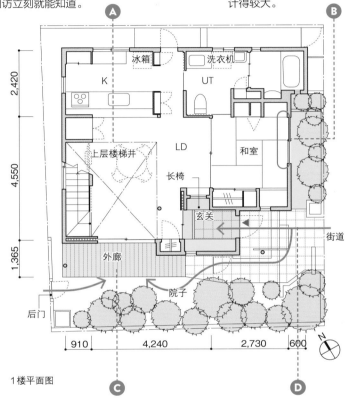

1楼平面图

C 外廊面积充足，便于照料庭院内的植物。从前门或后门都能轻松拜访隔壁邻居。

D 开放式的设计使得房屋与整个社区相连，小路连通街道和庭院，也十分适合招待来客。

庭院没有高高的大门或者院墙，不会给来拜访的人拒绝感。给花草浇水时，也可以很自然地与路过的行人交谈。

"武藏野之家"
设计：加部设计一级建筑师事务所
摄影：加部设计一级建筑师事务所

动线 8 户外动线

为快乐享受户外活动而创造的家居空间

近年，越来越多的人爱上了打理庭院、野营、运动等户外活动。如果在室内外的连接处打造一个收纳户外用具的空间，一定非常方便。一个有屋顶和围墙、能够遮风挡雨的户外活动专属空间，会让我们更加专注于自己喜欢的户外活动。

户外动线设计方案

方案 ❶

增加土间玄关的面积
我们可以通过增加玄关或者土间的面积来利用室内空间。这样做的优点是无需担心天气与卫生问题。

方案 ❷

设置户外活动专用玄关
除玄关外，设置专门取放户外用品的出入口。入口可直通车库，还可设置专用的淋浴房。

方案 ❸

有围墙和屋顶的
半室外空间
相比方案1与方案2，方案3更有户外的感觉。带屋顶的露台非常适合需要摆弄泥土的园艺活动。

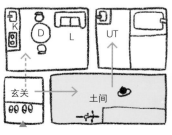

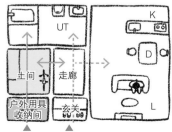

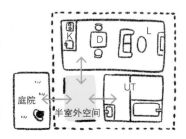

动线 **8**

室内外兼用的半户外动线

这个案例展示了喜欢园艺的住户的房屋布局，住户可以直接从半户外空间（露台）进入庭院。露台有遮挡的屋檐以及围墙，遇到较强的风雨天气时可以将盆栽移进去（96页方案❸）。

A 露台有遮挡的屋檐，雨天也可以在此活动。

B 铺有瓷砖的露台打扫起来十分方便，无需担心泥土掉落。

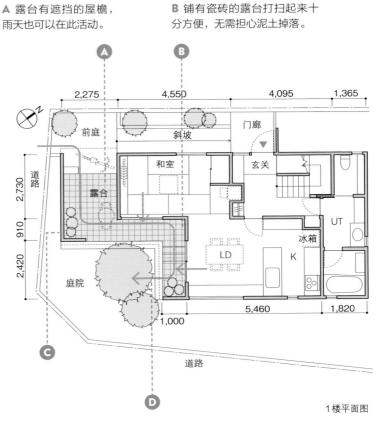

1楼平面图

C 遮挡外面的道路，保证住户隐私。

D 和室与客厅对面的露台部分连通前庭与客厅，可用作半户外空间。

"经营之家"设计：小野建筑设计事务所

宠物动线

虽然喜欢黏着主人，但动线要区分开来

　　最近越来越流行在室内养宠物。尽管如此，养狗的人依然每天都要遛狗，进入室内时也需要先帮爱犬擦脚。这时，另外设计一条从清洁区进入客厅的宠物专属动线，与主人的动线区分开来，会大大减轻主人的负担，减少不必要的麻烦。

我回来了汪!

宠物动线设计方案

方案 ❶

玄关旁的爱犬专用清洁区
在玄关旁边设计一个爱犬专用的清洁区，让爱犬从玄关经由清洁区，擦完脚后再进入客厅。这样一来，爱犬的动线就会缩短，减少带入室内的脏东西。住宅面积较小的户型，也可以直接在玄关的一角设计爱犬专用的清洁区，既方便，又不会占用更多空间。

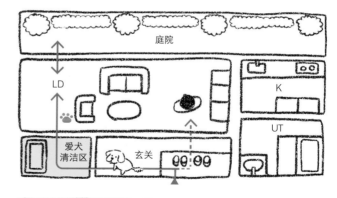

方案 ❷

分别设计主人与爱犬的出入口
如果房屋面积较为充裕，可以考虑分别设计主人与宠物的出入口。猫狗使用的室外出入口最好直接连通它的小窝。由于主人与宠物的动线完全分开，就不用担心玄关以及客厅被弄脏了。

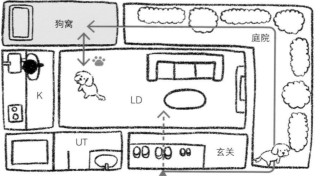

动线 9

宠物动线

能从客厅看到自家爱犬的

本案例中设计的宠物动线，可以让爱犬散步回来，直接从小路穿过庭院，回到狗窝。坐在客厅就能看到爱犬散步回来进入狗窝的瞬间（98页方案❷）。

从餐厅看向狗窝。狗窝旁可以设计一个简易的清洗区，方便给散步回来的爱犬洗脚。此外，还设计了一个地窗，爱犬可以透过这个地窗晒太阳。

狗窝使用的是骊住品牌宠物专用的防滑、防臭瓷砖。接缝处使用的也是骊住防污接缝胶。但是后期发现，爱犬在地面大小便时，尿液会沿着接缝渗出。只要在爱犬经常上卫生间的地方，用密封胶填补接缝，就可以解决。

A 狗窝旁边就是厨房和餐厅，给爱犬喂食和打扫都十分方便。

B 爱犬的动线经过客厅前面，主人可以通过客厅的落地窗来到露台，与回家的爱犬一起玩耍。

C 庭院的入口有门，四周有围墙，整个庭院就是一个非常私人的遛狗场。

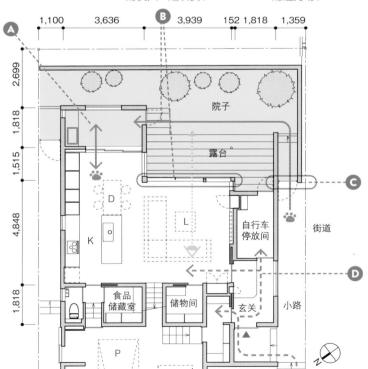

"向阳台之家"
设计：福田康纪建筑企划
摄影：福田康纪建筑企划

1楼平面图

D 爱犬的动线与主人动线完全分离，客厅不会被爱犬的脚印弄脏，也不用担心掉毛。

🐾 → 宠物动线 ⇢ 主人动线

老年人动线

方便从卧室去卫生间的动线

　　我们应该考虑到，不仅是家里现在有老人，今后我们也会变老，也会需要看护。在这个前提下设计合理合适的动线。其中，需要重点关注的就是卫生间与卧室。这两个空间之间的动线方便与否，会直接关系到今后的生活质量。

那我们就放心啦

老年人动线 的要点

要点 ❶

卧室要直达卫生间
卧室要能够直接去卫生间，这也会给当下的生活提供方便。通向卧室与客厅的两侧分别设计一个拉门，从两侧都可直接进入卫生间，令动线更加简洁。

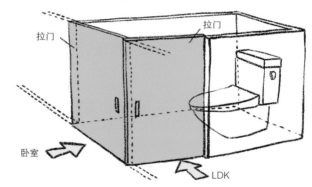

拉门　　　拉门

卧室

LDK

要点 ❷

可以从室外直接进入卧室
卧室设计一个落地门窗，可以直接从斜坡（露台）进入卧室。护工等人员也能够直接进入卧室，无需穿过客厅，家庭隐私也得到了保障。

LD

卫生间

卧室

街道

K

玄关

斜坡（露台）

动线 ⑩

斜坡直通室内，方便轮椅移动的动线

本案例中的房屋将整个斜坡设计成外廊环绕整个屋子，屋子内外之间没有台阶。外廊与室内地板的高度落差控制在40mm以下，即便将来老了腿脚不便时，也不用担心使用轮椅不方便。

A 房屋由两部分构成，访客专用的和室与储物间位于西侧，开放式LDK与卧室位于东侧。靠近街道的部分是和室与储物间，也起到了遮挡的作用。开放式客餐厨与卧室的设计则较为开放。

B 今后需要雇佣起居看护时，可以将卫生间走廊一侧的门与墙壁拆掉，增加卫生间的面积，这样就可以从卧室直接到卫生间。

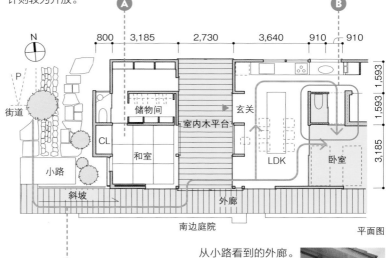

平面图

C 靠近小路的外廊区域设计成了斜坡，方便轮椅进出。

从小路看到的外廊。外廊上方的屋檐延伸较长，下方木平台可以摆放椅子，打造休闲空间。

从南边的院子看到的和室、室内木平台和客厅。室内木平台设置的挡雨门板保障了其安全性。

"有室内甲板的家" 设计：长谷川设计事务所　摄影：小川重雄

动线11 取信动线

信箱应该靠近玄关，还是应该靠近街道呢？

　　玄关距离街道有一定距离时，就要考虑信箱或者快递箱的位置。一般有两种方案：注重取信取件的方便性，将信箱设置在离玄关近的位置；注重隐私与安全，将信箱设置在靠近街道的位置。两种方案各有长短，可根据实际需求进行选择。

取信动线设计方案

方案❶

在玄关附近设置信箱

在玄关附近设置信箱，可以节省取信取件的时间和精力。但是，邮差、配送员等陌生外来人员会直接进入到院内，有一定的安全隐患。设计时需要综合考虑房屋周边的环境。

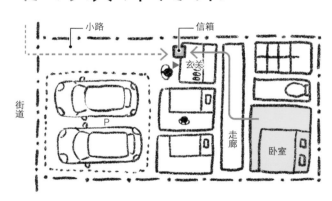

方案❷

在街道附近设置信箱

信箱靠近街道，可以避免邮差或配送员进入私人的庭院内。但是，由于信箱在室外，取信取件等动线较长。冬季或者雨天、大风天时，外出取件会有一些不方便。对于比较在意周遭眼光的人来说，可能也不愿意穿着居家服直接在大门口取件。

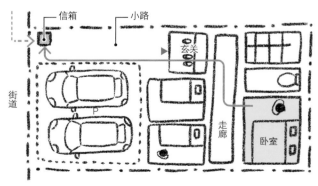

　　→ 取信动线　--▶ 配送员动线

动线 11

用格栅墙围住小路，轻松取信不用愁

为保证车库够停放两辆车，玄关的位置特意后撤了 4.5m 左右。信箱设置在靠近街道的地方，从玄关到信箱的动线使用了木制格栅墙来搭建围栏与顶棚，充分保障了住户的隐私（102页方案❷）。

A 木制格栅墙和拉门起到了很好的遮挡作用。

B 靠近隔壁窗户的小路一侧用格栅墙遮挡，即使穿着睡衣取快递也无需担心被邻居看到。

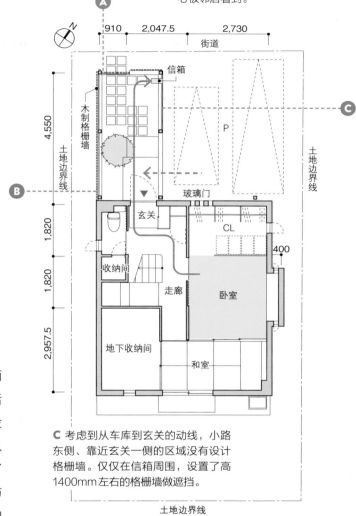

N

910　2,047.5　2,730

街道

信箱

木制格栅墙

土地边界线

P

土地边界线

4,550

玄关

玻璃门

CL

收纳间

走廊

卧室

400

1,820

1,820

2,957.5

地下收纳间

和室

土地边界线

平面图

C 考虑到从车库到玄关的动线，小路东侧、靠近玄关一侧的区域没有设计格栅墙。仅仅在信箱周围，设置了高 1400mm 左右的格栅墙做遮挡。

这是取信动线的上方。竹帘状的阳台，一直延续到2楼客厅的落地窗。

"日野之家"设计：松原正明建筑事务所　摄影：松原正明

招待动线

收纳、洗漱、卧室隐藏得恰到好处，欢迎远道而来的客人

　　招待客人时应该区分客人与家庭成员的动线，在保障家人隐私的基础上招待来访客人。收纳、洗漱、卧室等较为隐私的活动或者空间，应该从客人动线中剔除。此外、客人去往客厅或者客房附近洗漱区的动线，也应该尽量避免与家人自用卫生间或者浴室等动线交叉。家庭成员的动线中加入步入式衣帽间，可以提高收拾的效率，优化动线。

招待动线的设计方案

方案 ❶

在玄关处进行动线分割

家人专用的动线是穿过步入式鞋柜的区域进入客厅，客人动线则安排最短距离，直接从玄关进入客厅。把伞或者大衣外套等整理收纳在鞋柜区域，玄关就会显得更加整洁。

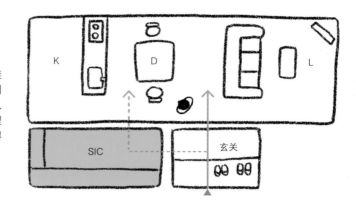

方案 ❷

隐藏卧室→洗漱的动线

尽量避免家人的卧室→洗漱动线与客人动线交叉。当家人与客人需要共用卫生间时，尽可能地缩短交叉或者重复的动线，隐藏家人的活动区域。

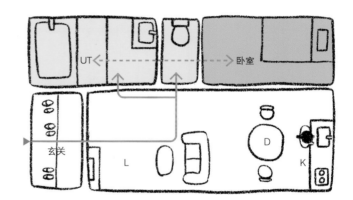

方案 ❸

以洗漱区域为中心，划分空间

家人与客人共用洗漱区域时，建议以该区域为中心，划分客人与家人各自的路线与空间。最大限度地减少两条动线交叉，保障洗漱时的个人隐私。

动线 12

利用大容量的步入式鞋柜 美化客人动线

从客厅看向厨房的景色。右手边靠前是步入式鞋柜，靠后是连接玄关的拉门。

　　这是可以同时解决收纳与动线问题的设计方法！在本案例中，家庭成员的动线为玄关→步入式鞋柜→客厅。步入式鞋柜容量非常大，家中的外套或者雨伞一类外出使用的物品都可以收纳进去。玄关区域就会显得十分干净整齐（第105页方案❶）。

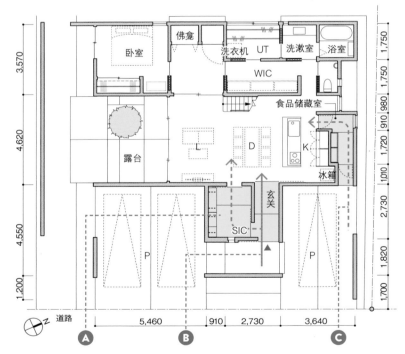

A 设置可以穿外鞋进入的步入式鞋柜，打开架子就可以收纳各种物品。

B 客人动线距离短，直接从玄关进入客厅。

C 设计了从车库穿过食品储藏室，直接进入厨房的动线。开车购物回来之后，可以马上将买回的东西进行收纳整理，实现便捷的"购物动线"。

"Y府邸"设计：西和人一级建筑师事务所　摄影：中村绘

1楼平面图

　→招待动线　--→家庭成员动线

动线12 家人专用洗漱动线，来客人也不用顾忌

本案例中，即使家里来客人，家人的洗漱活动也可以正常进行。从2楼可以直接到1楼的盥洗室洗漱、上卫生间，无需经过客厅。此外，客厅与楼梯之间有拉门，不用担心洗漱区域会暴露在客人眼前（第105页方案❷）。

1楼的洗衣机与收纳柜。由于需要设计楼梯的出入口，配合设计而产生的910mm空间可以放置洗衣机或者作食品储藏室。

A 从2楼到洗漱区域，最短距离的动线。

B 洗衣机以及储备物品放在客人动线以外的场所。客厅与盥洗室就会更加整齐。

1楼平面图

C 从卧室也可以直接到达洗漱区域，无需穿过客厅。连接客厅与卧室的出入口也设计有两个，可以划分成两条动线。卧室内的洗漱台非常适合每天出门前做准备使用。

"小川府邸"设计：设计工房一级建筑师事务所　摄影：永野佳世

以洗漱区域为中心，卧室以及衣橱等设计在西侧，和室客房以及开放式客餐厨等安排在东侧，将两者分别安排在对角线两端，从而对家庭成员动线与客人动线进行分割（第105页方案❸）。

▲ 连接客厅与卧室的走廊对面设计了一个洗漱台，将两侧的门关闭，就可以当作盥洗室使用。东西两侧的房间主人都可以使用这个走廊兼盥洗室的空间。客人需要长期居住时，也能够最大限度地减少动线交叉，保障各自的隐私。

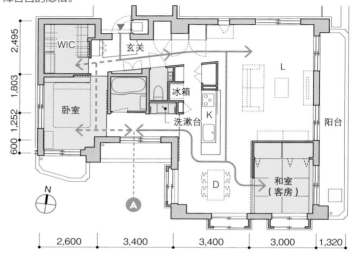

1楼平面图

从厨房看向盥洗室以及卧室的景色。拉门打开时，整体的连贯性十分强。

"代代木上原之家"设计：向山建筑设计事务所　摄影：藤井浩司

PART3

第三章

纵向布局的方法

活用挑空

巧用挑空空间，打造家庭氛围

　　合理设置楼梯挑空不仅能够保障通风，还可以解决采光条件差的问题。除此之外，挑空空间还有许多妙用。比如，设计成家人共用的收纳空间；在入口边缘加入吧台设计，打造成家人聚会聊天的空间；将其中一面白墙设计成投影式家庭影院等。

挑空的设计方案

方案 ❶

挑空设计成收纳空间
挑空的高度与住宅的开口高度有关系，上层的空间可以用作收纳空间。

方案 ❷

挑空的入口周围设计成吧台
如果是客厅的挑空，可以把入口处一圈设计成吧台或者矮书柜形式。如此一来，不仅能增加家人之间的交流，也给这个空间带来了活力。

方案 ❸

活用挑空的墙面
如果2楼挑空的墙面之一较为方正，可以用作投影墙或者装饰长廊。身在1楼，也能欣赏到2楼的投影或者装饰画。

方法 1

控制挑空的高度，保证采光

客厅上层有楼梯挑空时，由于窗户的保养和维修以及采光问题等，一般不会在2楼外墙设置开窗。为了保证挑空上部的采光，应尽量控制天花板的高度（110页方案❶）。

A 只在1楼设置开口时，应该保证开口与天花板的距离控制在1200mm左右，否则挑空就会又小又暗。挑空上部可以用作小仓库，收纳物品。

B 家中储物间与挑空共用的墙上可以设置一个开口，保证室内通风。

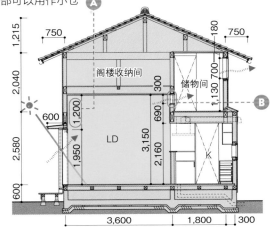

剖面图

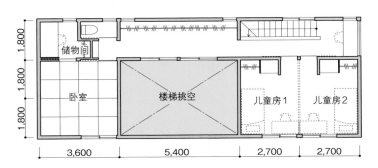

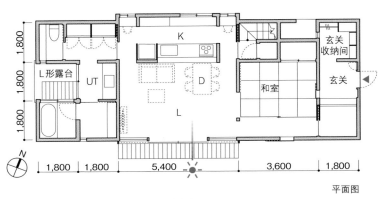

平面图

"云州平田之家"设计：中山建筑设计事务所

活用挑空空间，巧建DJ台

从餐厅往客厅和楼梯方向看到的景色。墙上安装有电视，一定程度上减弱了楼梯的存在感，令整个空间简洁流畅。

本案例中，客厅上层有楼梯挑空，1楼楼梯附近是客房，客房上方即2楼空间。在这个2楼小空间里设计了一个可以在1楼客厅欣赏音乐的DJ音乐台。此外还配有投影仪，客厅挑空正对的墙面可以用作投影的屏幕。

DJ台使用时的情景。DJ设备隐藏在2楼扶手围墙之后，楼下看不到。

"KJ-house" 设计：toit deign　摄影：池田开

A DJ台正面是挑空。楼梯环绕整个DJ台。

B 楼梯挑空周围设置了结构梁，2楼有一圈走廊。为了让光线落到楼下，走廊的地板选用钢化玻璃。

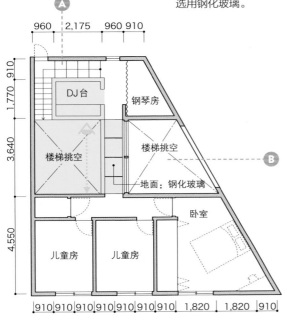

2楼

C DJ台楼下是客房。客房距离卫生间等洗漱区域很近，客人可以放心使用。此外，楼梯下方可以用作收纳区，其中一部分空间被室外的车库占用了。去往卫生间以及客房可以从走廊下方进入，无需穿越客厅。

D 挑空空间的墙面用作投影的屏幕。投影由DJ台射出，客厅或者餐厅的人移动不会对投影播放造成遮挡。

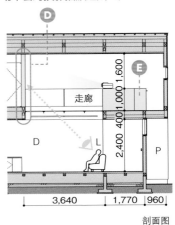

剖面图

E DJ台设计在2楼，不仅有效地利用了挑空，还加强了楼上楼下的交流。

1楼　　　　　　　　　　平面图

开放式LDK的高低落差魔术

通过高低落差增加空间的张弛度

地面和天花板都是同样高度的空间，很容易会感到呆板、单调。无论站在什么地方都没有一丝变化，家人之间经常会产生视线交叉的情况。这一类问题可以通过增加地面和天花板的高低落差来解决，增加空间的张弛度。天花板和地面高度的变化也会带动人的视线的变化，加强室内的进深感，使得室内空间更加宽敞。

此外，在地面高低落差部分设置视线开口，就能够增强上下楼视觉上的联系，使其更具开放的感觉。地面与天花板的高低落差也会影响上下层的设计，因此，天花板较低的区域适合设计成洗漱区或者储物区。在做住宅布局和家装设计时，立体布局的考量也是十分必要的。

设计高低落差的要点

要点 ❶

设计地面高低落差

随着视线高度的改变，对空间内的印象也会随之改变，视线交叉的情况也会减少。此外，将地面的一部分加高，可以营造出特有的进深感，增加空间的延伸性。由于降低2楼地面高度导致1楼天花板过低的问题也无需担心，这类空间可以设计成洗漱区或者储物区，一样可以合理规划整个房屋。

可以默默观察和守护。　　天花板较低时，容易营造轻松休闲的氛围。

要点 ❷

设计天花板高低落差

天花板高低落差不同，会令整个空间的氛围也随之改变。地面保持平坦，空间内的移动十分方便。高低落差的部分采用顶侧采光设计，就能让较暗的室内有充足的采光。此外，地面高低落差区域可以设计一个视线开口，如此一来，即使是身处不同的房间，家庭成员之间也能感受到彼此。

115

方法2

改变地面高度，加强采光

地面的高低落差也是划分客厅与餐厅功能区域的方法之一。本案例中，客厅的地面抬高了600mm，天花板高度控制在2200mm，符合人体舒适度，打造出轻松舒适的氛围。餐厅区域则像一个舞台一般，流露出特别的感觉。

上图：餐厅旁的厨房（图中右侧）采用了半开放式设计，能够清楚地看到客厅以及餐厅的情况。厨房的长方形开口以及间接照明增加了整个空间的进深感，营造出了更加深邃的氛围。

下图：从客厅看到的餐厅景色。不同材料的地板会带来不同的客厅风格。

"SS-house"设计：户井设计　摄影：池田开

B 客厅的大落地窗的窗框连接阳台，视野广阔。

C 高低落差部分设置视线开口，可以透过楼下的温室看到室外的风景，还增强了餐厅的采光和延伸感。

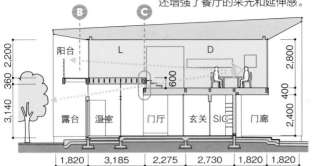

剖面图

房屋外观。为了保障隐私，只在面朝道路的北侧2楼外墙设置开口。

A 餐厅的地面比客厅下沉600mm。

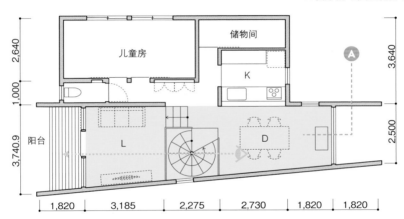

2楼

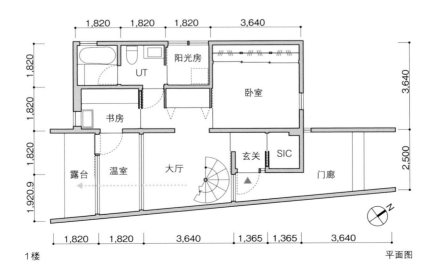

1楼

平面图

方法 2

天花板高低落差

打造开阔视野与舒适通风

A 长条形的开口能够使两个空间有所交流，传递自由空间的气息，令整个家庭的氛围更加立体化。此外，可以使用拉门开启或者关闭开口。

B 在厨房可以透过开口看到自由空间的情景，令屋内视野更加开阔。

C 客厅被墙壁和天花板包围，有充足的安全感。两侧的厨房与挑空的楼梯也带来了足够的采光。

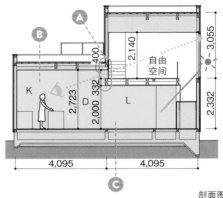

剖面图

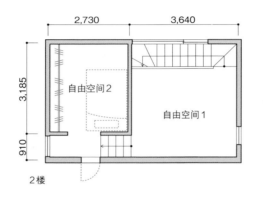

2楼

从厨房看到的开口，开口处能透出顶侧光源，使人清楚地看到室外的景色。随着时间变化，室内楼梯深处的墙面阴影也会呈现不同的形态。

希望空间内张弛有度的同时，也想保证地面平坦。要满足这一要求，就需要通过天花板的高低落差来改变空间的整体印象。本案例中，将餐厅和厨房设计成明亮的开放式结构，客厅则控制天花板高度，打造出舒适休闲的空间。

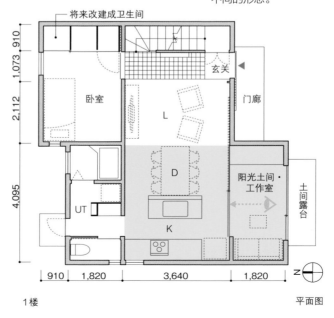

1楼

平面图

"丘之家"设计：前田土木工程公司 摄影：建筑设计考证

118

方法 2

提高餐厅地面高度，开阔视野

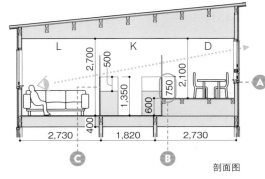

A 餐厅的开口一直延伸至天花板，使得整个空间内的视野更为开阔。此外，从客厅也能欣赏到餐厅窗外的景色。

B 为了让客厅能够清楚地看到餐厅，中间厨房设施的高度控制在750mm，正好可以遮挡饭桌以下的空间。

C 厨房设施周围设计了高度500mm左右的挡板，用来遮挡客厅以及餐厅。

剖面图

有时候需要根据外部环境来确定室内的布局。本案例中，为了避开隔壁建筑物、获得景色优美的视野，将餐厅地面抬高了600mm。厨房也相应地随着改变。

厨房周围（图中央）选用了暗色系的材质，视线就会自然地往白色系的墙壁聚集，更能突出强调客厅与餐厅的开阔。

D 厨房是客厅以及餐厅区域的中心所在，因此取消了吊柜的设计，改成一个开放式的空间，减少了屋内的闭塞感。

平面图

"板户之家" 设计：前田土木工程公司　摄影：建筑设计考证

挑空空间的开口设计要多花心思

保障隐私的同时也要享受风景

　　当外部环境有优美的景色或者美丽的庭院时，一般会在楼梯挑空中加入各种形状的开口，保证室内能够欣赏外面的景色。充足的采光和赏心悦目的景色可以增加生活情趣。然而，多数情况下，与隔壁房屋之间的距离较近，设计时更多的是要考虑如何保障自己家庭的隐私。以下对策可以活用到设计当中：1楼用墙遮挡外部视线，在2楼设计可以看到天空的开口；将房屋设计成回字形结构，开口面向中庭设置；在开口处增加土间或者连廊设计，使用隔扇遮挡外部视线。无论哪种方法，都会涉及高度以及动线的调整，需要综合考虑平面图与剖面图，进行慎重讨论。

开口设计的要点

要点 ❶

在楼梯挑空的2楼位置设置开口
与隔壁接邻较近时，开口位置不对，反而会更加容易受到外部视线的影响。这时，只要把开口设置在2楼，不仅可以保障隐私，还能令空间的视野更为开阔。

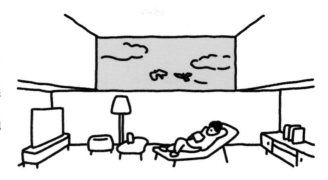

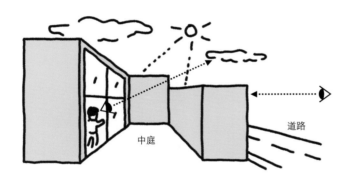

要点 ❷

面向中庭设置开口
回字形房屋可以将开口面向中庭设置。既能遮挡外部视线，又可以保障家庭隐私。

要点 ❸

开口处设计双重隔间门
挑空面积较大时，可以考虑利用横梁设计成土间或者连廊，然后在两侧分别安装隔间门。也可以在两侧安装玻璃，双重玻璃能够有效地保障隐私，居住的人也会感到放心。

121

在2楼设计大开口，保障室内采光与风景

A 开口位置较高，光线能够辐射至室内各处。正对挑空的房间墙壁上也设计了窗口，光照充足。从窗口射入的光线让房间与客厅产生了联系，营造出柔和、温暖的氛围。

B 从1楼客厅可以看到天空，室内视线得以延伸，增强了空间的开放性。

剖面图

不仅是市区内的住宅，郊区的住宅也面临着同样的问题。如果将楼梯挑空正对面的区域设计成从1楼到2楼天花板的大型落地窗，大部分人都会很介意外部视线。针对这一问题，建议可以将开口设置在2楼，不仅能够保障充足的采光，还能安心地欣赏室外的景色。

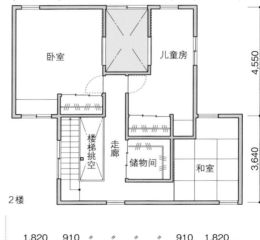

2楼

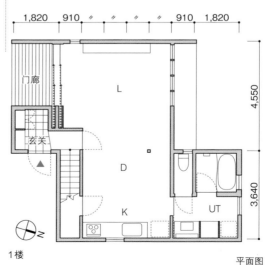

1楼

平面图

"座间之家"设计：设计生活设计室

122

方法 ③ 面向中庭设置开口，保障家人隐私

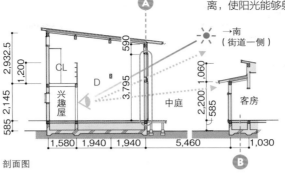

A 面向中庭的挑空空间开口高度为3.8m，与对面的房间相隔一定距离，使阳光能够射入餐厅。

B 开口过大，会令人担心是否暴露隐私，但由于开口面向中庭，自己家的房间（客房）就起到了很好的遮挡和保护作用。中庭的景色与延伸的视野会使人感觉房间更加宽敞。

剖面图

平面图

挑空空间的开口过大，会令人担心隐私是否暴露，尤其是地处街道两侧的房子。本案例中，南侧的客房位于街道与餐厅的中间，既挡住了来自街道的外部视线，也不影响开口处的采光。

2楼衣橱外的走廊位置透过开口看到的中庭景色。开口两侧的白色墙壁能够很好地折射光线，增加空间的采光。

"东埼玉之家"设计：及川敦子建筑设计室　摄影：及川敦子建筑设计室

123

方法4
楼梯下方空间也要利用到极致

在保证楼梯面积的基础上，最大限度活用楼梯下方空间

房屋使用面积较为紧张的住户，往往希望设计的楼梯尽量简约。但是，台阶高度超过200mm，就会对老人或者小孩上下楼不友好。节省空间也要建立在合适的台阶高度，以及安全上下楼的基础之上。安全得到保障之后，再考虑如何最大限度地活用楼梯下方的空间。

活用楼梯下方空间 的要点

要点 ❶

改造成可供睡眠的卧室

如果卧室仅仅只用作"睡觉的空间"，只要确保一定的天花板高度，那么哪里都可以是卧室。天花板高度过低时，只要将床头放在高度足够的一侧，确保起床不会撞到头就可以了。

要点 ❷

改建成洗漱区

在1楼设置盥洗室也是有效利用楼梯下方空间的方法之一。干湿分离的马桶和洗脸洗手专用的洗面台等，都可以设计在楼梯下方的空间，同时又能节省使用面积。

方法 4

楼梯下方的洗脸化妆间

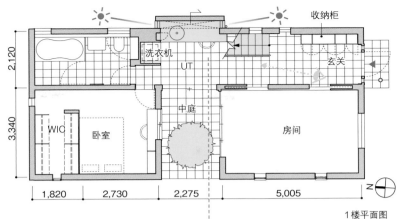

```
2,120   3,340
1,820  2,730  2,275  5,005
```

收纳柜

洗衣机

UT

玄关

中庭

WIC   卧室

房间

N

1楼平面图

A 走廊的墙面依次设计了玄关收纳柜、楼梯、洗脸化妆台、洗衣机、马桶间、浴室等区域。洗漱区域藏在了楼梯下方，从玄关看不到。

洗脸化妆台旁边是洗衣机和烘干机，放下卷帘就能隐藏起来，令整个空间更加简约。

B

1,500

700

800

565   850

剖面图

B 楼梯下方空间原本就比较暗，因此，在洗脸化妆台上方设计了一个天窗，增加空间的采光。

本案例中的房子宽度较为狭窄，1楼安排了卧室、儿童房以及浴室等用水的区域。为了节省空间，在楼梯下方设计了一个隐私性较弱的洗脸化妆间，可供全家人使用。

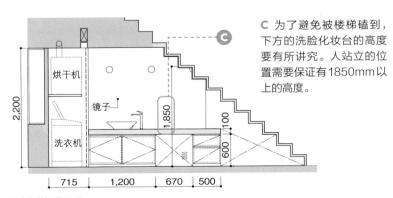

C

烘干机

镜子

2,200

1,850

100

600

洗衣机

715   1,200   670   500

洗脸化妆间展开图

C 为了避免被楼梯磕到，下方的洗脸化妆台的高度要有所讲究。人站立的位置需要保证有1850mm以上的高度。

"ONZ"设计：彦根建筑设计事务所　摄影：彦根建筑设计事务所

室内外的视线布局

通过高低落差控制室外与室内的视线

设计室内布局时，一定要重视"视线"问题。视线问题一般有两种情况：来自室外的视线；来自室内的视线。住宅前方有交通流量大或者住宅较密集的区域需要多多考虑第一种情况。当房间较多，或需要处理每个房间的关系，比如客厅与卧室、客厅与晾衣间等的关系时，就需要重点关注第二种情况。为了确保室内光线充足，需要结合剖面图讨论与思考采光模式。制造高低落差，既能够遮挡来自室外的视线，也可以增加室内视线的延伸感；巧用挡板可以将一些杂物隐藏起来，令家中显得更加宽敞等。如何巧妙地控制视线，是设计室内布局的重点之一。

设计视线布局的要点

要点 ❶

运用高低落差调整室外视线

一般来说，住宅所处区域交通流量较大时，需要遮挡来自前方街道的视线，同时也要保证采光以及窗外景色，最有效的办法就是抬高地面。比如，抬高靠近前方街道一侧的地面高度，就能够错开街上行人的视线。这种情况下，抬高的地面下方的空间就可以设计成玄关或者车库，抑或是不受天花板高度影响的功能区域。这样不仅能够有效地利用空间，也无需担心前方街道对面的住户看到自己家里的情况。

要点 ❷

运用高低落差调节室内视线

当房屋是大开间时，在保证了视线延伸、采光等问题的前提下，隐藏杂物的最有效办法就是降低地面高度。晾衣间、卧室等私人空间不想被客厅或者餐厅里的人看到，最好的办法就是改变地面的高度。

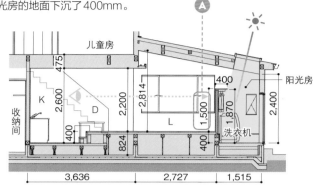

▲ 客厅的一侧设置了高1500mm的矮墙。矮墙上方开放，冬天客厅的暖气也能到达阳光房（晾衣间），减少客厅干燥。为了避免从客厅看到，阳光房的地面下沉了400mm。

剖面图

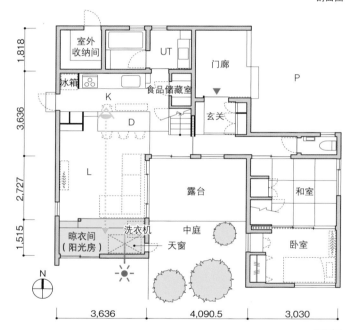

平面图

方法5 运用高低落差规避视线，隐藏客厅旁的晾衣间

本案例中，房屋南侧日照充足，希望把客厅和晾衣间安排在南侧。为了满足这个需求，设计时在客厅一侧增加了一堵矮墙，矮墙的另一侧是晾衣间，其地面也比客厅低400mm。这是通过制造高低落差，将晾衣间隐藏了起来。

为了配合客厅的视线高度，厨房的地面比客厅低了400mm。由于运用了高低落差设计，餐厅的椅子设计成了两种不同的形态。靠近厨房的椅子是正常就座的，靠近客厅一侧则是盘腿坐。

"宫永市町之家"设计：福田康纪建筑企划　摄影：福田康纪建筑企划

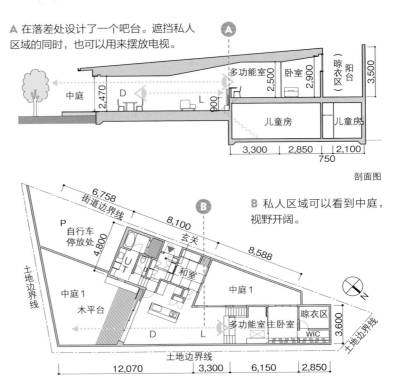

方法5

运用高低落差划分区域，巧妙引导室内视线

狭长形房屋，功能区域一般依次分布。如何划分空间，则需要下点功夫。本案例中，划分开放式餐厅等公共区域与卧室这类私人区域时，特意将两个区域的高低落差设计为900mm。

A 在落差处设计了一个吧台。遮挡私人区域的同时，也可以用来摆放电视。

剖面图

B 私人区域可以看到中庭，视野开阔。

平面图

从卧室看到的客厅与餐厅。中庭的植物成为了焦点，引导视线向外延伸。天花板一直伸展至餐厅，突出体现了整体空间的进深感。

"因地制宜的家"设计：一级建筑师事务所ROOTE　摄影：河田弘树

方法 6

方法 隐藏阳台的

打造实用且美观的阳台

说起晾衣服的地方，首先想到的是阳台。虽然从街道或室外一般都能看到阳台，但从个人隐私和防盗的角度来看，大家都不希望从室外看到阳台内部（洗好的衣物）。我们来打造能够在室外愉快地晾晒衣物，并且十分漂亮的阳台吧。

阳台的方案

方案 ❶

用围墙把阳台围起来

设置2层楼高的围墙，阻挡街道和邻里的视线，这样就能毫无顾忌地晾晒衣服了。如果阳台的下层是门廊等半室外空间，就不需要隔热，还方便排水。

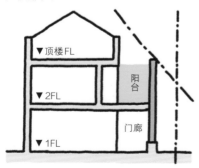

方案 ❷

设置室内阳台

如果在楼层内部设置室内阳台，就能与室外拉开距离，阳台也就带有屋顶。阳台有没有屋顶还关系到房屋面积的计算，规划时请务必注意。

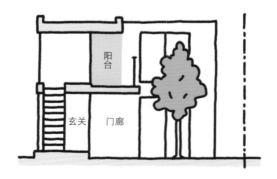

方法❻

内院式住宅的最佳阳台位置

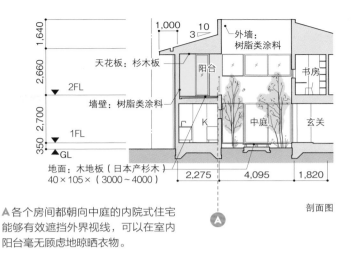

1,640
2,660
2,700
350

外墙：树脂类涂料
天花板：杉木板
阳台
书房
2FL
墙壁：树脂类涂料
中庭
玄关
1FL
GL
地面：木地板（日本产杉木）
40×105×（3000~4000）

2,275 4,095 1,820

剖面图

▲各个房间都朝向中庭的内院式住宅能够有效遮挡外界视线，可以在室内阳台毫无顾虑地晾晒衣物。

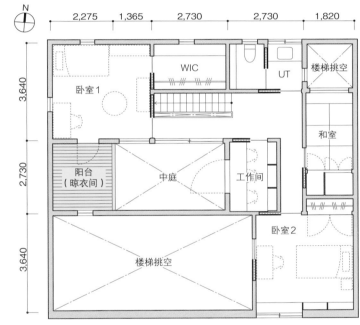

N

2,275 1,365 2,730 2,730 1,820

3,640
2,730
3,640

卧室1
WIC
UT
楼梯挑空
和室
阳台（晾衣间）
中庭
工作间
卧室2
楼梯挑空

2楼平面图

如果将内院式住宅的中庭作为晾衣区，那么每个房间都能看到晾晒的衣服，但这样会破坏院内的景致。这种情况下，将2楼的开放式餐厅角落的室内阳台当作晾衣区也是一种方法（130页方案❷）。

从玄关看向中庭。中庭左侧是开放式餐厅，正上方是阳台，在开放式餐厅里看不到洗好的衣物。

"TST"设计：彦根建筑设计事务所　设计：彦根建筑设计事务所

131

让光线和风穿过房屋中心

方法 7

活用阁楼

在规划建设平房时，要特别注意采光和通风。平房的中心通常很暗，且空气混浊。如果在房屋中央设置阁楼和高窗，就能从高处获得良好的采光，利用温度差换气。

阁楼的要点

要点 ❶

南北开口

由于季节和地域性关系，日本的风主要是南北风向。因此，如果在南北方向设置开口，就容易让风通过屋内。另外，设置走廊，让风道变宽，就能增强风的流动性。

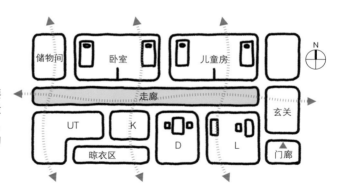

要点 ❷

利用阁楼保证通风和采光

如果在阁楼设置高窗或天窗，就能从高处获得采光。这样一来，即使是平房，光线也能轻易照射到房屋深处。另外，房屋中心和顶部积累的热气和污浊空气也能通过阁楼的窗户排出。

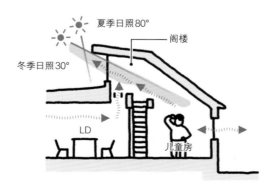

132

方法7

利用走廊的高窗从阁楼增加采光

A 光线从走廊的高窗照进北侧的阁楼和儿童房。在走廊和阁楼之间安装了拉门以调节儿童房的空气。

B 屋顶的倾斜度约为38.6°，阳光更容易从高窗照进屋里。

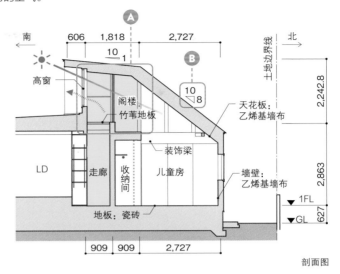

剖面图

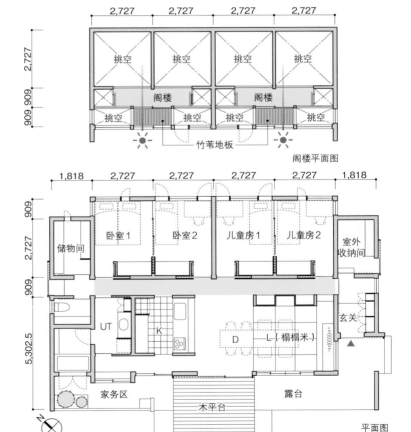

阁楼平面图

平面图

"内滩町之家"设计：福田康纪建筑企划　摄影：福田康纪建筑企划

方法 8

活用法 高窗、天窗

将光线从窗户引进屋内

在面积较大的平层住宅，以及房屋密集区不能设置较大的开口时，采光成为一大难题。这种情况下，可以巧妙地设置高窗和天窗，改善采光和通风，居住者的心情也会格外舒畅。

住宅深处的采光方案

方案 ❶

高窗

高窗能够将光线送到房屋深处。兼作换气窗时，需要考虑方便的开关方法。

方案 ❷

挑空和高窗

挑空和高窗能够有效地将光线送到房屋密集区1楼的深处。如果能尽量将高窗的位置后移，就能让光线照进屋子中心。

方案 ❸

天窗

相比墙面的窗户，天窗的采光效果更好。采光效果最好的是南面的屋顶，但考虑到阳光有时过于强烈，很多都设置在北面。

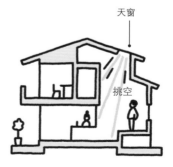

方法⑧

利用高窗和高度差阻挡街道视线

A 为了增加阳台采光，降低了客厅屋顶的高度。晾衣间设在外面的人看不到的位置。

B 为了阻挡街道的视线，将临街的客厅设置在2楼，开口处又抬高了900mm。

剖面图

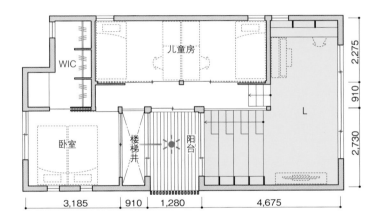

考虑到街道上行人的视线，本案例的房屋抬高了地面，但即使如此，还是很难设置较大的开口，导致室内环境昏暗。因此在房屋中央的上部设置了阳台，为了确保下层的采光，还设置了高窗。

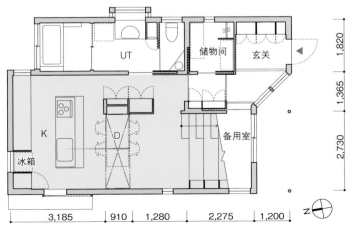

平面图

"四条畷之家"设计：广渡建筑设计事务所

由町家得到启示，安装大型高窗

这栋房子的正面很窄，而正面街道的车流量很大，周边还有很多住宅和高大的树木。在这样的条件下，为了确保采光和通风，只能参考町家（译者注：町家，日本传统住宅的一种。提供给商人居住的，同时带有店铺。）的设计，在正面设置许多高窗。

高窗引入大量自然光。

"小立野的高窗"设计：春夏建筑事务所　摄影：中村绘

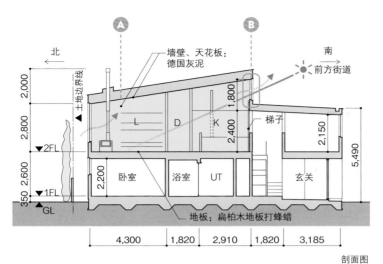

北

墙壁、天花板：
德国灰泥

南
前方街道

L

D

K

梯子

卧室 | 浴室 | UT | 玄关

地板：扁柏木地板打蜂蜡

剖面图

A 正面的有效宽度为
3,300mm，略为狭窄，
因此，利用倾斜的天花
板确保高度，然后在南
北两侧设置开口，打造
舒适的开放式客厅。

B 通过面对炉膛（町家
的术语，指地炉上方用
于排烟的通道）的高窗
将光线送进客厅、餐厅
和厨房。夏天打开高
窗，风可以穿过整个
屋子。

取暖炉

冰箱

L | D | K

儿童房

2楼

CL

洗衣机

卧室

UT

玄关

N

1楼

平面图

左：从餐厅看到的客厅。
右：客厅、餐厅全景。光线从
客厅的窗户照进屋内，让室内
更加温馨舒适。

137

方法8

利用中庭+挑空设置大型高窗

A 为了让光线从东西两边的阳台照进室内挑空部位，分别在两边设置了开口。

B 中庭上方和阳台都能增加采光。从室内可以眺望明亮舒适的中庭。

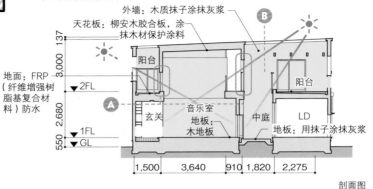

外墙：木质抹子涂抹灰浆

天花板：柳安木胶合板，涂抹木材保护涂料

地面：FRP（纤维增强树脂基复合材料）防水

137
3,000
2FL
2,680
1FL
550
GL

阳台
玄关
音乐室 地板：木地板
中庭
LD
阳台
地板：用抹子涂抹灰浆

1,500　3,640　910 1,820　2,275

剖面图

5,140　910 1,820　2,275

2,275
1,820
2,275

卧室
挑空（下部：音乐室）
UT
洗衣机
挑空（下层：中庭）
长廊
挑空
阳台
CL

1,365 910 910
2,275
910

1,500　3,640　2,730　3,185　910

平面图

C 缩小阳台的开口，在室内安装较大的窗户，改善屋内的采光和通风。即使打开窗户也无需在意外界的视线。

即使不能在房屋密集区的外围设置较大的开口，只要在与中庭相邻的挑空周围设置开口，就能将光线送到1楼。这里在音乐室和中庭上方设置了两个挑空，将光线引到1楼中央（第134页方案❷）。

从长廊看向卧室。利用面对挑空处的多个大型开口，带来房屋密集区难以实现的亮度。

"西大寺之家Ⅱ" 设计：广渡建筑设计事务所　摄影：川井裕一郎

方法9　卫生间的位置

注意声音，保持距离

卫生间的排泄声、流水声，以及频繁起夜等产生的噪音问题都是布局规划的重要课题。考虑卫生间和起居室的位置关系时，需要仔细研究平面图和剖面图。另外，从卫生间出来时和人对视会很尴尬，所以也要仔细考虑卫生间的朝向和出入口的位置。

设置卫生间的要点

要点 ❶

考虑卧室的方便性

尽可能地将卫生间和卧室设置在同一层。如果能控制好卧室到卫生间的距离，那么起夜也会更加方便。卫生间不能和卧室设置在同一层时，最好设置在楼梯附近，尽可能地缩短移动距离。

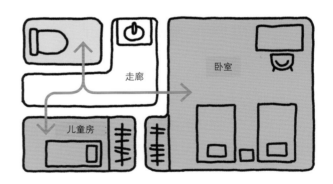

要点 ❷

从平面和剖面两个方面考虑声音问题

尽量不要将卫生间设置在宽敞的开放式餐厅的正对面，这是布局规划的基本，但也要避免设置在卧室上方。如果设置2个卫生间，那么保持上下楼层的卫生间位置一致，能够解决设备和声音方面的问题。

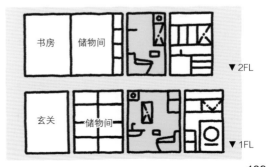

139

卫生间靠近外墙，与餐厅间隔着楼梯

A 2楼卫生间位于卧室旁边走廊的对面。为了方便出入，靠近卧室的地方安装了一扇门。

B 走廊上设置了宽敞的洗漱台，可供全家同时使用。

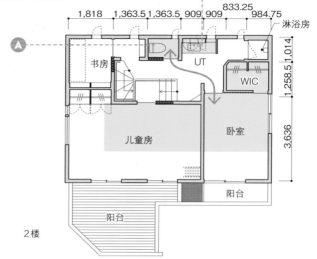

1,818　1,363.5　1,363.5　909　909　833.25　984.75

淋浴房

A

书房

UT

WIC

1,258.5　1,014

卧室

儿童房

3,636

阳台

阳台

2楼

1楼是开放式LDK和用水房间，2楼是卧室。每层各有1个卫生间。卫生间隔着走廊和楼梯，与开放式餐厅和卧室保持距离，上下楼层位置一致，这样就能解决声音问题。

1,818　1,363.5　1,818　1,363.5　1,818

C

洗衣机

玄关

WIC

UT

909　909

606

D

LD

K

冰箱

和室

木平台

N

1楼

平面图

3,484.5

从2楼的儿童房间看到的走廊。照片左侧是卫生间的拉门。

C 卫生间连着外墙，设有换气窗，白天可以增加采光。外界难以通过换气窗看到室内，可以稍微打开换气。

D 1楼卫生间与开放式餐厅隔着楼梯。卫生间的门设置在开放式餐厅看不到的死角处。

"调布染地之家"设计：古川智之建筑设计室　摄影：古川智之建筑设计室

方法10

取暖炉的热利用

选对位置，事半功倍

如果想在家中安装取暖炉，安装的时候需要考虑加热效率，并仔细研究室内装饰和设备，选择适当的位置。另外，还需要注意墙面涂料的种类、柴火的储存和搬运动线、烟囱的设置、取暖炉的使用方法等知识。

设置取暖炉的要点

要点 ❶

理想的位置是房屋的中心
取暖炉是辐射式暖气设备，如果优先考虑加热效率，那么最好安装在屋子的中心（a），其次是背靠墙壁（b），最后是角落（c）。用取暖炉做饭时，需要考虑厨房动线。

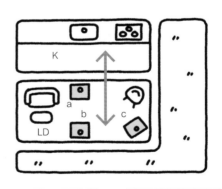

要点 ❷

通过挑空空间送热
取暖炉的热量非常高，按照日本普通住宅的标准，只需一台取暖炉就能实现全屋供暖。在取暖炉上方设置挑空，或者在远离取暖炉的地方设置挑空，热气的流动形式有所不同。

挑空空间远离取暖炉，热气会环绕1楼，然后上升到2楼，让整个屋子暖和起来。

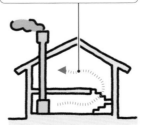

在取暖炉的正上方设置挑空，最好在远离取暖炉的地方再设置一个挑空空间（楼梯），使其对流。

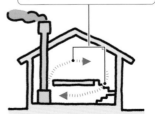

利用取暖炉的热气烘干衣物

取暖炉不仅能使房屋变暖，望着跳动的火焰也别有一番趣味。这栋房屋的魅力在于能从客厅里看到自然风景，因此取暖炉也设置在了窗子一侧。

A 取暖炉的热气从挑空空间上升，沿着2楼倾斜的天花板扩散，冷气从另一侧的楼梯下降（形成对流）。

B 在采光、通风良好的南侧设有晾衣间。冬天，取暖炉的热气容易烘干衣物。

储物间

CL

卧室

UT 洗衣机

儿童房

晾衣间

挑空

阳台

1,820

1,820

1,820　5,460　1,820　1,200

2楼

K

冰箱

LD（榻榻米空间）

上层挑空

露台

柴火取暖炉

2,730

2,930

2,730

2,730　1,820

2,200

N

1楼

平面图

柴堆

C 墙壁的底漆和面漆、取暖炉与墙之间的距离等是根据产品决定的，请务必确认。另外，不要在附近放置易燃的窗帘和家具。

D 地板上要放置柴火和工具，会被灰烬弄脏，因此必须考虑材料的隔热性和易清洁性。这里铺了铁板。

从开放式餐厅（榻榻米空间）看到的取暖炉。人们经常聚集在火焰周围，因此最好在附近摆放沙发或铺设榻榻米。

"川边之家" 设计：NL设计工作室　摄影：丹羽修

烟囱至少高出屋顶900mm起。如果水平距离3m以内有其他建筑物，则应至少再高600mm。另外，还要注意和邻居窗户的位置。如果供气量少于烟囱的排气量，烟就会逆流，所以要在取暖炉附近设置供气口。

如果控制不好火势的大小，还会导致烟尘过多，也应留意。

第四章
巧妙的收纳布局设计

收纳 1

玄关收纳

不能在室内使用的物品全都收纳在这里

玄关是连接房屋内外的地方，经常会被外人看见，所以必须时刻保持干净整洁。除了鞋和伞，玄关周围也可以收纳大衣和宠物的散步用品，有时还能放置行李箱和婴儿车等。

玄关收纳的要点

要点 ❶

扩大土间玄关，设置步入式鞋柜
如果房屋占地面积有限，而刻意缩减玄关的空间，结果导致物品放不下，那就本末倒置了。如果下定决心扩大土间玄关，设置能够穿鞋进入的步入式鞋柜，就能在回家时直接将婴儿车等较大的物品放进去。

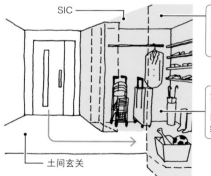

SIC

步入式鞋柜最理想的面积是4~5m²，但只要动动脑筋，也可以在2m²内解决必要的收纳量。

步入式鞋柜的位置，可以决定其是否能够成为区分访客动线和家人动线的"接待动线"。

土间玄关

要点 ❷

设计从地板到天花板的通高墙面收纳空间
随着家庭成员的增多和孩子的成长，鞋子的数量也会逐渐增多。在玄关预先设计大容量收纳空间，打造从地板到天花板的墙面收纳柜，并安装能够根据鞋子种类改变高度的可移动架子。

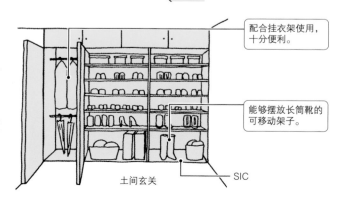

配合挂衣架使用，十分便利。

能够摆放长筒靴的可移动架子。

土间玄关 —— SIC

收纳 1

入口开在较窄的一侧，确保步入式鞋柜的收纳空间

可步入式的鞋柜会削减一部分收纳面积，我们可以将入口设在较窄的一侧，在较长的一侧制作从地板到天花板的墙面收纳柜。门口虽然狭窄，但能以最小的面积保证足够的收纳量。

A 步入式鞋柜的面积约为 $2m^2$。入口虽然只有570mm，但能收纳一家四口的物品。里边安装了插座，可以为电动自行车充电或在这里使用碎纸机处理没用的广告宣传册。

B 步入式鞋柜的墙面上设置了伞架。地面也收拾得整整齐齐。

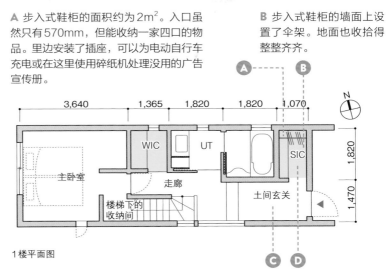

1楼平面图

C 为了在玄关停放自行车，步入式鞋柜以外的玄关部分也采用了水泥地面。

D 形成了回家后，先在步入式鞋柜脱下外套，洗手后在步入式衣帽间换衣服，最上上2楼客厅的"回家动线"（第86页）。

步入式鞋柜是从地板到天花板的墙面收纳柜（可移动架子），后侧的钢管可以挂外套。架子的深度约300mm，合理使用每一寸空间。

宽敞的土间玄关，可以摆放婴儿车和自行车等物品。

"东伏见之家"设计：风祭建筑设计　施工：真柄公土木工程公司　摄影：漆户美保

打开玄关收纳间的上部，确保采光和通风

在大开间式的布局中，可以用大型收纳家具划分空间。打开收纳区域的顶部空间，不仅能进行采光和通风，还能让空间更加整体。另外，让土间玄关的底部悬空，可以暂时用来摆放鞋子。

1楼平面图

A 大型的柜子兼作玄关收纳和客厅收纳，上部得以采光和通风。

B 收纳柜下部的开放空间可以暂时摆放脱下的鞋子。

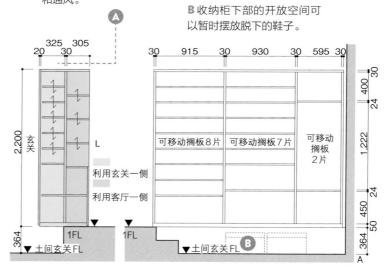

玄关收纳剖面图

玄关收纳（土间一侧）展开图

从客厅看到的玄关。从收纳柜到顶部的梁之间留有670mm的高度，以进行采光和通风。

"木造之家"设计：石井井上建筑事务所　摄影：石井大

从客厅看到的玄关。关
上收纳间的门就能遮挡
杂物，隐藏生活的气息。

沿细长玄关设置的大容量墙面收纳柜

这里原本是卫生间，改造后形成了一个狭长的玄关。利用好这一片区域，可以设置大容量的墙面收纳柜。

从玄关看到的室外情况。地板铺设了花纹细腻的大谷石。

"内外的木工"设计：设计生活设计室　摄影：石田笃

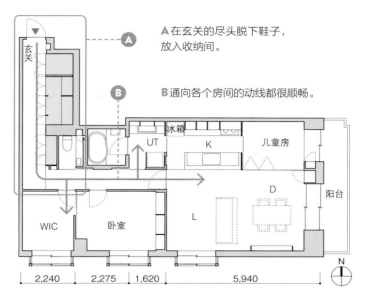

A 在玄关的尽头脱下鞋子，放入收纳间。

B 通向各个房间的动线都很顺畅。

1层平面图

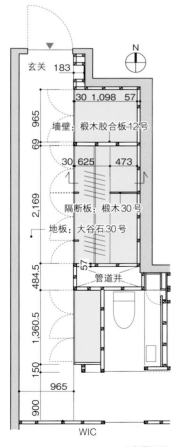

A部平面图

C 改造前是卫生间，内部设置有可移动式墙面收纳柜，门口有挂衣服的架子，婴儿车和旅行箱等物品也能轻松收纳。

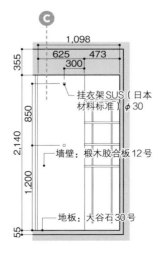

收纳间剖面图

玄关入口处的壁龛里摆放了住户（陶艺家）的作品。

设有挂衣架的收纳间内部。

149

客厅收纳

在触手可及的地方设置万能收纳区

客厅是家人团聚的场所，也是摆放"各种没有固定使用者和固定位置的物品"的场所。合理利用墙壁和死角等空间，小到电视遥控器、孩子的玩具等零碎物品，大到毛毯等体积较大的物品都能有效收纳。

客厅收纳的要点

要点 ❶

活用沙发下方的空间和壁龛
客厅是放松休息的场所，尽量不要制造压迫感。将电视放进壁龛里，不仅能使空间看上去十分整洁，还能减少压迫感。另外，榻榻米和沙发下面的收纳空间非常实用，尤其是对于家中有小孩子的家庭。

要点 ❷

在墙上装满架子
定制家具成本昂贵。如果居住者能够接受，那么在整面墙上安装较浅的开放式架子也是一种方法。因为没有门，所以成本较低。

壁龛

电视机的布线最好藏在机身后。

沙发下方或地台下方的抽屉式收纳柜可以收纳孩子的玩具和换洗的衣物，十分方便。

沙发下方的收纳空间

玩具收纳架

书架　　电视柜

收纳 2

用大型家具分隔大开间

A 碗柜和衣橱部分都需要较好的承重，可以依托承重墙。

B 以定制家具为中心的回游动线。

1楼平面图

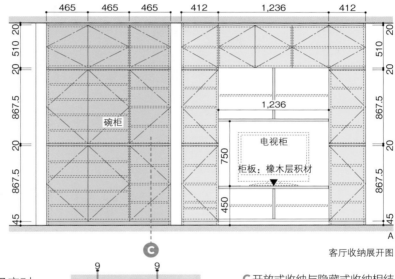

客厅收纳展开图

近年来，为了应对未来的变化，提出可变性布局要求的人越来越多。本案例利用承重墙，定制了分隔开放式餐厅和卧室的大型家具。电视柜、桌子和壁柜书架可以自由移动，改变房间布局。

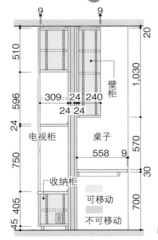

收纳间剖面图

C 开放式收纳与隐藏式收纳相结合，减少压迫感。

电视柜和书架是客厅的大型收纳家具，同时也是分隔卧室和开放式客餐厨的家具。

"S先生的家" 设计：寺林设计工作室　摄影：寺林省二

在墙壁中 客厅的计算机整齐地摆放

和电视机一样，台式计算机的摆放位置也令人发愁。如果必须将家人共用的计算机放在客厅，可以将壁龛和桌子合二为一，给显示器一个容身之所。与空间融为一体，就不会显得突兀。

上：对建成近50年的公寓住宅进行改造。为了统一开放式餐厅对面的空间，墙壁铺贴了柳安板，壁龛和桌子也是用同样的材料制作的。将材料的接缝处拼接整齐，形成一个整体。

下：从客厅看到的餐厅。餐厅旁设置了土间，可以停放自行车。

"品朴之间"设计：设计生活设计室　摄影：石田笃

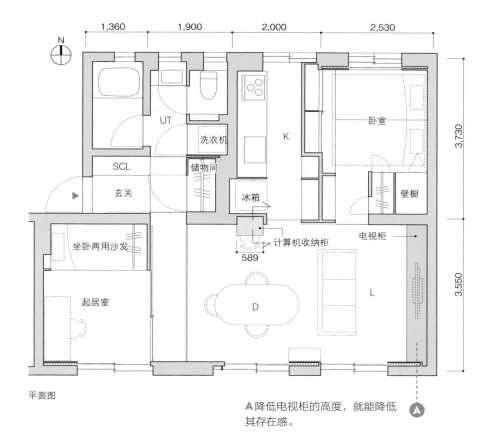

平面图

A 降低电视柜的高度，就能降低 Ⓐ
其存在感。

B 壁龛上层是带门的收纳柜，
可以收纳USB线等数码用品。

Ⓑ

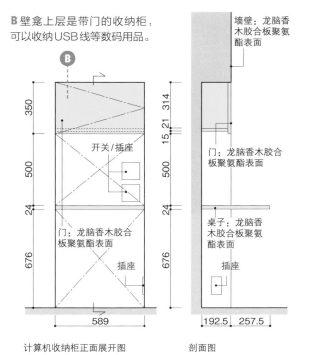

计算机收纳柜正面展开图　　剖面图

墙壁：龙脑香
木胶合板聚氨
酯表面

门：龙脑香木胶合
板聚氨酯表面

桌子：龙脑香
木胶合板聚氨
酯表面

插座

开关/插座

门：龙脑香木胶合
板聚氨酯表面

插座

土间中的定制收纳柜，十分整洁。

定制架子也可当作写字台使用。

收纳 3

有效利用餐边柜和墙壁

餐厅收纳

餐厅里也可以做与用餐无关的事，比如整理收据和文件。这种情况下，如果有收纳记笔记的工具和计算机等物品的地方，就能在需要它们的时候迅速取出。另外，如果座位周围有收纳餐具的空间就更棒了。

餐厅收纳的要点

要点 ❶

设置摆放写字台的小型区域
在餐厅的一角设置能做家务和办公的书桌，可以提高做家务的效率。将零散的书籍和家庭收支簿收纳在这里，其他地方就会变得干净整洁。另外，如果能在墙上设置小型壁挂板会更加方便。

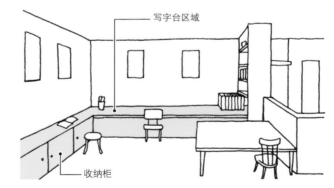

写字台区域

收纳柜

要点 ❷

控制收纳家具的高度
餐厅的收纳家具多为柜式。收纳家具的高度不能高过坐在餐桌前的视线高度，这样可以减少压迫感。另外，推荐在墙边定制长椅，下部可作为收纳空间。

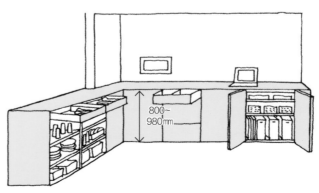

800~980 mm

收纳③

写字台

利用角落布置收纳柜和

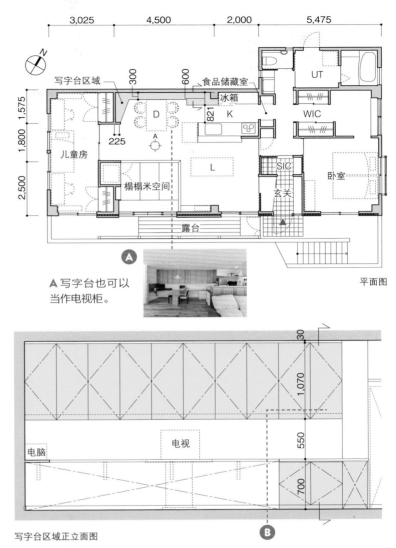

3,025　4,500　2,000　5,475

写字台区域

食品储藏室

冰箱

UT

D

K

WIC

儿童房

L

SIC

卧室

榻榻米空间

玄关

露台

平面图

300

600

821

225

1,575

1,800

2,500

A 写字台也可以
当作电视柜。

写字台区域正立面图

电脑　电视

30

1,070

550

700

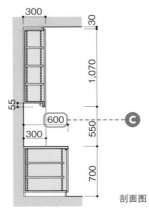

300

30

1,070

55

600

550

300

700

剖面图

如果将餐桌当作工作台
或孩子的学习场所，则很容
易堆满凌乱的文具和纸张。
本案例在墙边定制了写字台，
上方利用墙面制作壁柜，如
果有需要，写字台还可以兼
作电视柜。

B 推拉式壁柜设置在容易够到的
高度（1,250mm），开关方便。
厨房旁边的架子可以收纳餐具，
餐厅旁边的架子可以摆放书籍。

C 与餐桌相连的桌子深300mm。
厨房背面的收纳柜深600mm，
可以收纳家电等物品。

"M邸"设计：Nook工房建筑事务所　摄影：渡边慎一

155

面宽狭窄、纵深较长的房屋，如何设置承重墙是布局的关键。这里为了在建筑物较长的一边设置开口，将承重墙统一设置在较短一边的一侧。利用承重墙，定制厨房和餐厅的墙面收纳家具。

面宽狭窄的房屋要善用承重墙

从客厅看到的厨房的墙面收纳家具。光线从高窗射入，营造一片明亮舒适的空间。

"小立野的高窗" 设计：春夏建筑事务所　摄影：中村绘

A 蓝色部分为承重墙。利用这些承重墙设置厨房和餐厅的收纳柜。

2楼

1楼

平面图

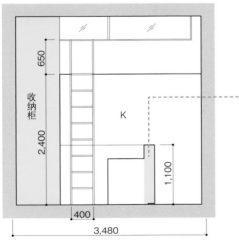

展开图

B 橱柜正面可以当作装饰架，摆放小盘子、照片、小型装饰品等物品。

从楼梯看到的开放式LDK。光线从挑空上方的高窗照进屋内。整栋住宅的面宽较窄，有效宽度仅为3.3m，承重墙和收纳柜集中在一侧，整个房间看起来十分整洁。

进深为14m，户型类似于町家。

控制收纳柜的高度，减少压迫感

如果餐厅开口较大，可以定制长椅作为家人休息的场所。长椅下方可以摆放篮子或箱子，用来收纳物品。

上：从客厅看向餐厅。餐厅的收纳柜（图中左侧）中摆放了日常使用的餐具。

下：从餐厅看向铺设了地台的客厅。定制写字台可以用来办公。

"Bench House（长椅子之家）"设计：罗汉柏建筑工房　摄影：漆户美保

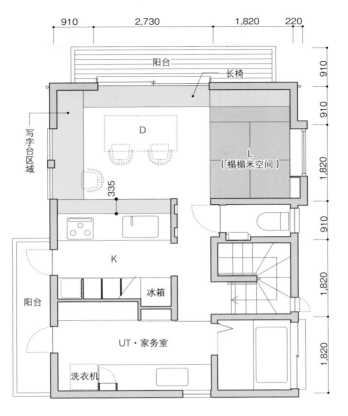

910　2,730　1,820　220

阳台

长椅

写字台区域

D

335

L
（榻榻米空间）

K

冰箱

阳台

UT·家务室

洗衣机

910
910
1,820
910
1,820
1,820

2楼平面图

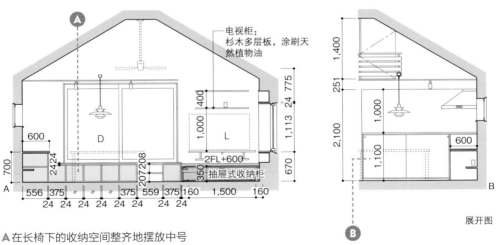

电视柜：
杉木多层板，涂刷天
然植物油

775
24
1,113
670

400
1,000
L

600

D

700
556　375　//　//　375　207 208　559　375　160　1,500　160
24　24　24　24　24　24　24
2424

2FL+600
350　抽屉式收纳柜

1,400
251

1,000

600
2,100
1,100

展开图

A 在长椅下的收纳空间整齐地摆放中号
长方形藤制篮子（无印良品/360mm×
260mm×160mm）。

B 料理台前方有矮墙，可以遮挡住
杂物。高度约为1100mm，人坐
在桌子前不会有压迫感。

厨房收纳

触手可及是厨房收纳的铁则

厨房收纳的目标是打造"驾驶室一样的收纳空间"。只需转身、伸手就能取到想要的物品。如果使用物品和摆放物品的位置距离较近，每天都能愉快地下厨。如果条件允许，最好设置一间食品储藏室。

厨房收纳的要点

要点 ❶

让使用场所靠近摆放场所

厨房是使用频率非常高的场所。因此，原则上保证"所有物品都收纳在使用场所附近"。水槽和垃圾箱之间的距离，以及水槽和洗碗机之间的距离最好控制在两步之内。

要点 ❷

食品储藏室的基本大小为"1畳"

食品储藏室并非越大越好，1畳（1.62m²）最为合适。为了便于了解储存食材的数量，可以设置较浅的架子。如果在食品储藏室中放置冰箱，需要兼顾电源位置和搬运路径。

料理台上方的墙面上安装壁柜。

壁柜

滑动式收纳架

较重的锅等餐具放在容易取放的抽屉式收纳柜中。

收纳 4

兼做隔断墙的 L 形
食品储藏室

很多人都想要一间食品储藏室，即使他们的房屋面积很小。这里以最小的尺寸在厨房背面设置了 L 形架子，当作食品储藏室，写字台一侧的架子可以当作书架。

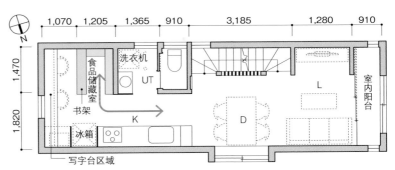

2楼平面图

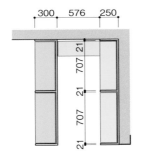

食品储藏室的平面图

食品储藏室的架子很浅，只有250mm。为了贴合物品的尺寸，搁板可以移动。写字台一侧的书架深300mm，可以摆放大型书籍。

从厨房看到的食品储藏室和写字台。食品储藏室的架子从地板延伸至天花板，保证了储藏量。入口处的宽度只能容纳一人通过（约600mm）。一般情况下，只要有一面宽度约为1400mm的墙面，将其制作成从地板到天花板的架子，就能当作食品储藏室使用。

从餐厅看向厨房和写字台。光线从窗户照进来，营造出明亮舒适的空间。

"东伏见的住所"设计：风祭建筑设计　施工：真柄土木工程公司　摄影：漆户美保

一目了然的开放式收纳架

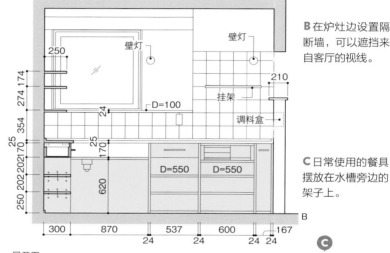

1,365　910　1,265　1,920

洗衣机

UT

1,365

收纳间

冰箱

K

设备

A

B

A 为了使冰箱隐蔽一些，让卫生间一侧的墙壁凹陷进去，嵌入冰箱。

N

D

L

1,365

2楼厨房平面图

B 在炉灶边设置隔断墙，可以遮挡来自客厅的视线。

壁灯

壁灯

250

274 174

210

挂架

354

24

D=100

调料盒

25

25

170

D=550　D=550

620

C 日常使用的餐具摆放在水槽旁边的架子上。

202 202 202 170

250

300　870　537　600　167

24　24　24　24

展开图

B

如果想使厨房更高效，推荐采用开放式收纳架，减少开关收纳柜门的动作。厨房内一目了然，最好事先想好物品的摆放位置，制作适合物品尺寸的架子也很重要。

D 窗台和搁板连在一起，体现空间的连续性。

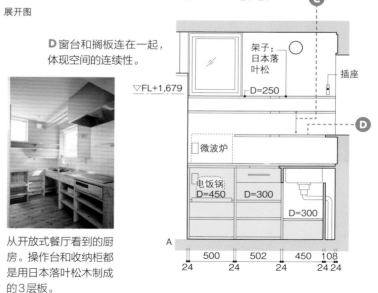

从开放式餐厅看到的厨房。操作台和收纳柜都是用日本落叶松木制成的3层板。

C

架子：日本落叶松

插座

▽FL+1,679

D=250

D

微波炉

电饭锅
D=450　D=300

D=300

A

500　502　450　108

24　24　24　24 24

"上野幌之家"设计：及川敦子建筑设计室　摄影：及川敦子建筑设计室

收纳 4

便条贴纸也有专属位置

冰箱正面和侧面经常被贴上便条等，有时会显得凌乱。本案例在深度较浅的收纳柜里安装了软木板，可以当作家庭共享的便条板或备忘板使用。下方的架子可以摆放孩子的课堂讲义。

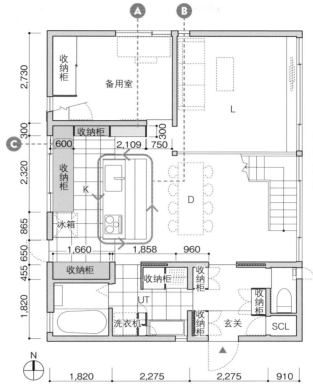

C 背后的收纳柜深600mm，可以摆放微波炉等厨用家电。

1楼平面图

A 装有软木板的收纳柜的有效深度为300mm。旁边的收纳柜可以摆放日常使用的餐具。

B 在操作台周围设置回游动线。

从盥洗室看到的厨房。正面右侧的白色门内安装了软木板。厨房操作台和背后的柜子之间的通道宽只有800mm，只需转身就能拿到想要的物品。

"生驹之家"设计：H&一级建筑师事务所　摄影：半田敏哉

从客厅看到的餐厅。光线通过楼梯井照进屋内。

盥洗室收纳

考虑脱下的衣服如何收纳

　　盥洗室的收纳计划需要考虑2个问题。一是洗脸时所需的物品都要能收纳进壁柜中。二是脱下的衣物，还有内衣和内裤等的替换衣物如果能收纳在盥洗室会更加方便。

盥洗室收纳的要点

要点❶

设置洗衣动线

在盥洗室内设计洗衣动线（第68页），缩短衣服的移动距离，换洗时更加方便。关于是否要在盥洗室内摆放洗衣机，如果房屋面积足够大，可以在盥洗室旁边设置专门的洗衣房。

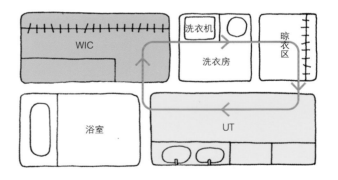

要点❷

设置高柜

在盥洗室中，全家人使用物品的数量非常多。如果希望将所有物品收纳在一起，推荐设置深度较浅、从地板延伸到天花板的高柜。不仅便于分类，收纳空间也足够大，居住者穿衣打扮会十分轻松。

收纳 5

在盥洗室附近设置家庭的步入式衣帽间

A 确保步入式衣帽间足够宽敞，能够收纳全家人的衣物。衣物洗涤后无需向其他房间运送，节省时间。

B 洗衣房内设置有换气扇和除湿器，可以当作晾衣间使用。

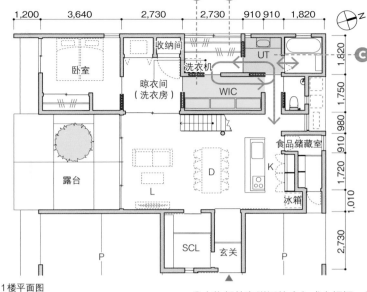

1,200　3,640　2,730　2,730　910 910　1,820

卧室

收纳间

洗衣机

UT

晾衣间（洗衣房）

WIC

露台

L

D

K

食品储藏室

冰箱

SCL

玄关

P

P

1楼平面图

1,820　1,750　910 980　1,720　1,010　2,730

C 衣物都放在附近的步入式衣帽间，盥洗室内只有牙刷、洗面奶等物品。减少了收纳的面积，让洗漱室更加宽敞。

步入式衣帽间内部。上层是挂衣架，下层是无印良品的聚丙烯收纳箱（440mm×550mm×180mm），立体化空间更便于使用。

在盥洗室附近设置全家共用的步入式衣帽间，利用回游动线将盥洗室和晾衣间（洗衣房）联系在一起。按照"脱衣→洗涤→晾干→叠衣→收纳"的动线顺序整理衣物，提高洗涤效率。

从步入式鞋柜看向开放式客餐厨。楼梯后方是步入式衣帽间。

"Y邸"设计：西和人一级建筑师事务所　摄影：中村绘

165

分开设置盥洗室和化妆间

如果房屋面积足够大，可以除盥洗室外，设置独立的洗漱间。这里在1楼设置盥洗室，2楼设置独立的化妆间，化妆间的墙上设有高柜，可以在触手可及的地方收纳必要的物品。

从马桶的位置看到的化妆间。倾斜的天花板上设有天窗，除了满足采光，还能透气，即使墙面没有窗户（设置收纳柜后，墙面很难再有开口）也不会有压迫感。

"有前庭的家"设计：设计工房一级建筑师事务所
摄影：永野佳世

A 化妆品等物品放在2楼的化妆间，1楼的盥洗室不需要很大的收纳空间，空出来的地方可以摆放洗衣机。脱下的衣服直接扔进洗衣机，十分方便。

B 化妆间设置在连接其他房间的走廊尽头，无论从哪个房间前往都很方便。

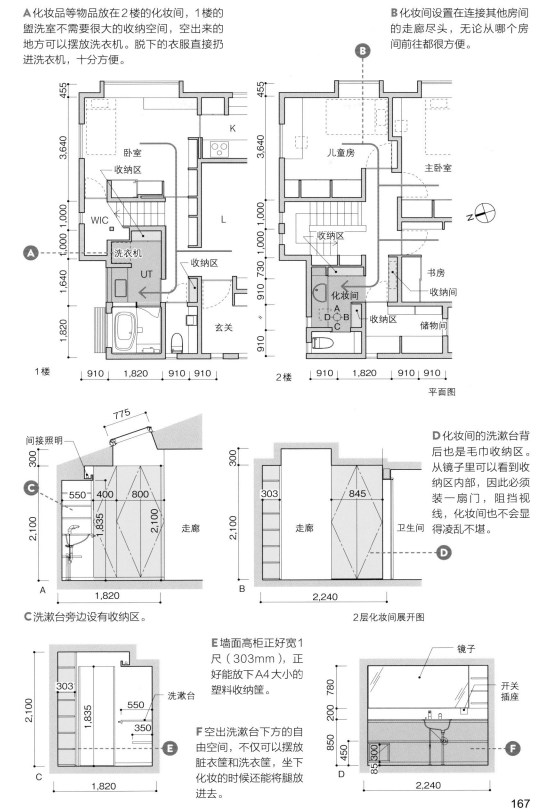

1楼

2楼

平面图

D 化妆间的洗漱台背后也是毛巾收纳区。从镜子里可以看到收纳区内部，因此必须装一扇门，阻挡视线，化妆间也不会显得凌乱不堪。

2层化妆间展开图

C 洗漱台旁边设有收纳区。

E 墙面高柜正好宽1尺（303mm），正好能放下A4大小的塑料收纳筐。

F 空出洗漱台下方的自由空间，不仅可以摆放脏衣筐和洗衣筐，坐下化妆的时候还能将腿放进去。

167

走廊收纳

首先考虑是否能隐藏收纳物

走廊收纳与生活动线关系密切，一些生活物品摆放在这里更为合理。但是，是否能隐藏收纳在走廊的物品，与布局设计关系密切。建议根据走廊是家庭单独使用，还是与访客共用，制定合适的收纳计划。

走廊收纳的要点

要点 ❶

用门遮挡，消除杂乱感
在与访客共用的走廊墙壁上安装同样颜色和材料的门，既美观又能营造统一感。但是，必须保证开门和整理时有足够的宽度。

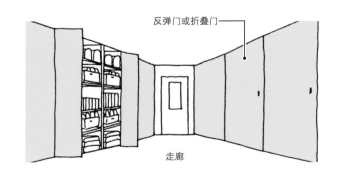

反弹门或折叠门

走廊

要点 ❷

开放式架子
在只供家人使用的走廊上设置一目了然的开放式收纳柜。省去柜门，既节省空间，又能降低成本。柜子深度较浅，从地板延伸至天花板，不仅能确保收纳量，还便于寻找物品。

高柜（P172要点 ❷）

走廊

收纳 6

凹进墙面的大型高柜

只将走廊作为经过的场所太过浪费。尤其是面积较小的房屋，走廊可以用来收纳物品。这栋房屋的洗漱间面积有限，因此在旁边的走廊里设置兼备洗漱物品收纳功能的深度较浅的大容量高柜。

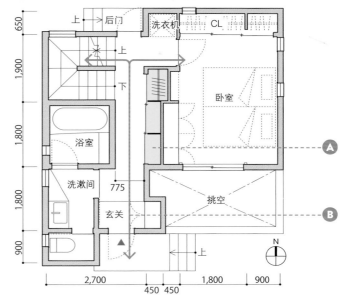

1楼平面图

A 走廊墙壁向内凹450mm，设置成高柜。柜内深度较浅，约为330mm，便于寻找物品。

B 在连接玄关、用水场所、卧室和楼梯的走廊侧墙设置收纳柜，就可以在移动的过程中取出物品，节省很多时间。

柜子和门的颜色一致，关闭后和墙壁融为一体。采用嵌入式设计，不会向外凸出。

C 为了贴合物品的大小，设置可移动隔板。下层是挂衣架。

D 从天花板延伸至地板，确保收纳空间。

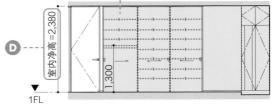

收纳柜展开图

"津贺邸"设计：设计工房一级建筑师事务所　摄影：永野佳世

169

将宽敞的走廊做成开放的步入式衣帽间

在面积较小的房屋里，扩大走廊的面积，并将其兼作收纳空间，就能更有效地利用空间。这里将开放式客餐厨设置在1楼，卧室设置在2楼。因为不用担心访客看到2楼的场景，可以在走廊里设置没有门的开放式步入式衣帽间。

A 走廊宽1800mm。这栋房屋以900mm为一个单元，如此宽敞的走廊，即使衣架上挂满大衣等较厚实的衣物，也能顺利通行。

B 在宽敞的走廊里设置宽度为900mm的楼梯，还剩下900mm的移动空间。这里的计划是将移动空间都留在东侧。

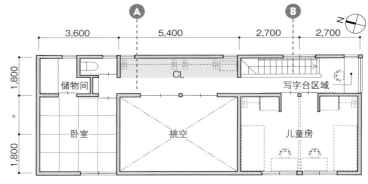

2楼平面图

C 走廊两端设置了窗户，确保走廊的采光和通风。

D 露出横梁，确保天花板的高度。

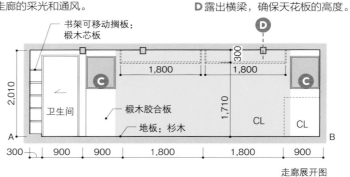

走廊展开图

从写字台看到的储物间。方便进出各个房间，也便于挂衣服。照片左边是楼梯井，靠近地面的墙上设有通风口。

"云州平田之家"设计：中山建筑设计事务所　摄影：中山大介

收纳 6

走廊收纳间将来可以安装升降梯

A 在这个案例中，住宅设置了倾斜的屋顶，2楼地板下端和天花板之间预留了空间。通常情况下，为了让屋顶和承重梁互不干扰，施工时会在上层地板下端和天花板之间留出150mm以上的空间。

B 由于安装升降梯时，会在地板上开口，再增加横向承重部件。因此，现在应该优先保证承重墙之间的宽度和面积，再设置非承重墙。

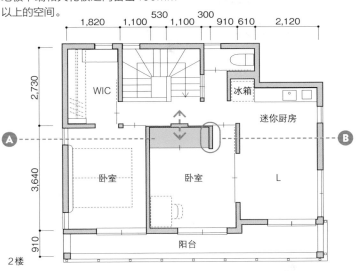

2楼

如果将来要安装家用升降梯，那么在升降梯附近设置或强化承重墙，以后再进行安装施工就容易多了。本案例在建造房屋时，将走廊收纳间的墙壁作为承重墙，之后经过简单的改造就能安装升降梯。

1楼

平面图

C 收纳间两侧都是承重墙。这里将深度910mm的空间平分为两个部分，走廊一侧作为收纳间，餐厅一侧作为写字台。

"町田之家"设计：风祭建筑设计

D 考虑将来要安装升降梯（910mm×1820mm），因此将走廊收纳间设置在玄关方便进入的位置。

室外用品的收纳间

重物、脏东西都留在室外

为了储存食材、饮用水以及高尔夫球袋等重物和室外使用的物品，设置一间从车库方便出入的收纳间会更加方便。园艺用品、婴儿车等容易弄脏地面的物品也收纳在此，防止泥土进入室内。

室外用品收纳的要点

要点 ❶

缩短距离车库的动线

在车库附近设置收纳间，能够缩短搬运重物的距离。灵活处理地面高度，力争做到不用抱起重物也能妥善收纳。另外，还可以活用错层住宅的死角空间。

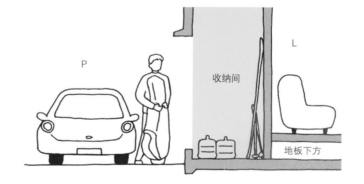

要点 ❷

收纳间+后门

要想在室外也能使用收纳间，这就意味着它要直通室外。如能在收纳间附近设置暂时堆积垃圾的场所，便无需再为家中的气味烦恼，十分方便。

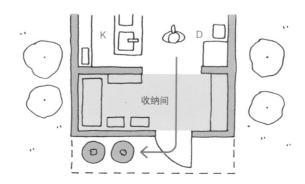

收纳 7

将收纳间的出入口作为后门

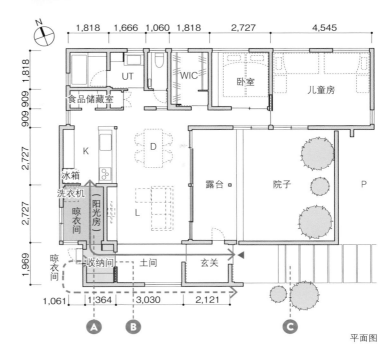

| 1,818 | 1,666 | 1,060 | 1,818 | 2,727 | 4,545 |

UT
WIC
卧室
儿童房
食品储藏室
K
冰箱
洗衣机
晾衣间
（阳光房）
D
L
露台
院子
P
晾衣间
收纳间
土间
玄关

| 1,061 | 1,364 | 3,030 | 2,121 |

平面图

Ⓐ　Ⓑ　　Ⓒ

A 收纳间与晾衣间（阳光房）连在一起。天气晴朗的时候可以从后门进入室外晾衣间，洗衣时也十分方便。

B 收纳间就像是阻挡冷气进入土间和客厅的门斗（译者注：门斗，设在屋门外的小空间，有挡风、御寒的作用）。

C 收纳间里堆放着铲雪工具和雪地轮胎等不想带进室内的物品。从后门进出，不会将雪和泥土带进屋内。

　　冬季降雪多的地区，室外收纳间使用起来十分不便，因此设置了室内外都方便进出的收纳间。通向收纳间外部的出入口也可以作为后门，后门前的场地可以暂时堆放生活垃圾。

从收纳间看到的晾衣间（左）和土间（右）。收纳间内的架子不必精心设计，将来可以根据收纳物进行改造。

"福久之家"设计：福田康纪建筑企划　摄影：福田康纪建筑企划

连接室内外的地下收纳间

如果因为工作和爱好需要频繁取放重物，那么有一间可以在外部（车库）使用的收纳间会格外方便。本案例在高出餐厅800mm的客厅地板下设置了靠近玄关侧门的收纳间。

上：从高处地面的客厅看向带有挑空的工作区，既明亮又舒适。
下：从工作场所看向地下收纳间。在开口处设置拉门，既节省空间，安装也不麻烦。

"杉田之家"设计：佐藤·布施建筑事务所　摄影：石曽根昭仁

A 室内一侧的地下收纳间入口设置在楼梯旁边。

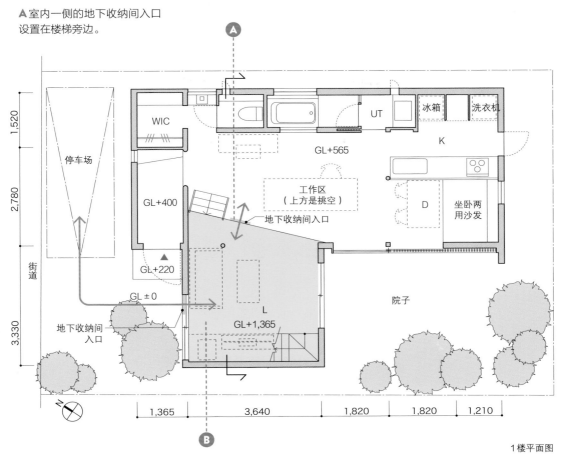

1楼平面图

B 在这一案例中，为了方便从室外（车库）取放工作用品，抬高了客厅地面，设置了地下收纳间。因此，客厅比餐厅、工作区高800mm。屋子正面种了绿植，遮挡来自街道和邻家的视线。

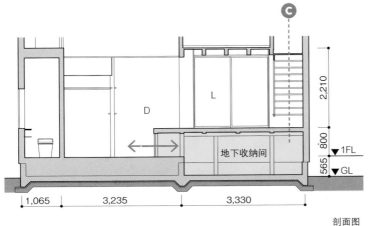

剖面图

C 活用客厅地板下方的空间，确保收纳间的净高达到1200mm。

从工作区看到的客厅和地下收纳间。地下收纳间入口高670mm。

兼备兴趣屋功能的独立收纳间

除园艺工具、车辆保养工具外，收纳间内汇集了居住者的兴趣爱好用具。其兼具收纳间和兴趣屋的功能，与主屋分离，外观和而不同。

上：东侧外观。左后方是收纳间。收纳间与主屋造型相似，营造统一感。
下：从厨房看向收纳间。后门安装了玻璃，采光充足。与宽敞的外廊材质一样的木平台是连接两代人的纽带。
"莲田之家"设计：野口修建筑工作室　摄影：STUIO DIO白石隆治

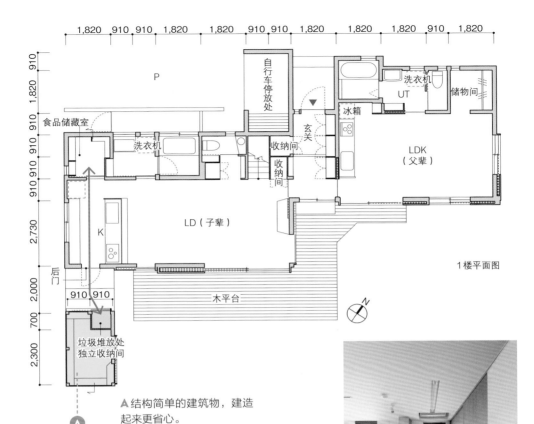

1,820　910　910　1,820　1,820　910 910　1,820　1,820　1,820　910　1,820

910

1,820

910

910 910

910 910

2,730

2,000

700

2,300

P

自行车停放处

洗衣机

UT

储物间

食品储藏室

洗衣机

冰箱

玄关

收纳间

收纳间

LDK
（父辈）

LD（子辈）

K

后门

910　910

垃圾堆放处
独立收纳间

木平台

1楼平面图

N

A 结构简单的建筑物，建造
起来更省心。

从食品储藏室看
向厨房的后门。
这里进出垃圾堆
放处和独立收纳
间十分方便。

B 收纳间的角落里设有垃圾
堆放处，靠近厨房的后门，
可以缩短家务动线。在垃圾
堆放处安装一扇门，防止动
物闯入。

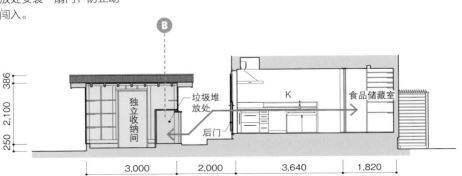

386

2,100

250

独立
收纳间

垃圾堆
放处

后门

K

食品储藏室

3,000　2,000　3,640　1,820

剖面图

SIZE DICTIONARY

收纳必备
物品尺寸小图典

要打造整洁干净的房间布局，适当的收纳场所必不可少。如果清楚知道哪些物品放在家中容易散乱，以及这些物品的尺寸，就能将其轻松收纳。这里介绍了具有代表性的物品和收纳用具的尺寸，以及有效的组合方法。

收纳在
玄关的物品

玄关是连接室内外的场所，不想带进屋内的物品自然会堆放在这里。除了鞋子和雨伞，还需要考虑如何收纳婴儿车和购物车等大型物品。由于两性差别和年龄等原因，导致鞋子的尺寸、鞋跟高低有所差异，因此一定要摆放整齐。

有的鞋子可以存放在鞋盒里，但要掌握好盒子的尺寸。

鞋盒（290mm × 170mm × 100mm）

鞋盒（260mm × 150mm × 90mm）

男鞋
女鞋
童鞋
长筒靴
拖鞋
短靴

人字拖

统一设置挂伞的架子会更加便利。

雨伞 手杖 太阳伞 鞋拔子

婴儿车（新生儿可用型）

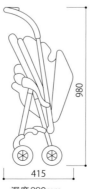
980
415
深度390mm

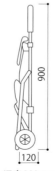
900
120
深度360mm
购物车

如果能提前预留好存放婴儿车和室外用到的球类玩具的空间会使生活更加方便。可以用产品自带的纸箱子制作存放位置。婴儿车分为新生儿可用的和学会坐姿后使用的两种类型，每种车型的尺寸不同。

无线蒸汽熨斗

160
120 260

熨斗收纳箱

185
140 280

盥洗室·化妆间收纳的物品

大多数情况下，盥洗室与化妆间相邻，或共用场地。用水场所会有许多小的物品，建议设置较浅的架子，便于寻找、收纳。

盥洗室里有许多小的物品。如果这里很少有客人使用，那么推荐没有门的收纳柜，方便寻找。更小的物品存放进收纳盒中，避免凌乱。

很多洗衣机的开口都在上部，因此要事先确认机型，注意壁柜的高度。

每个家庭预备毛巾的数量都不一样，根据自己的生活习惯确保足够的空间。

注意事先确定水管的高度。

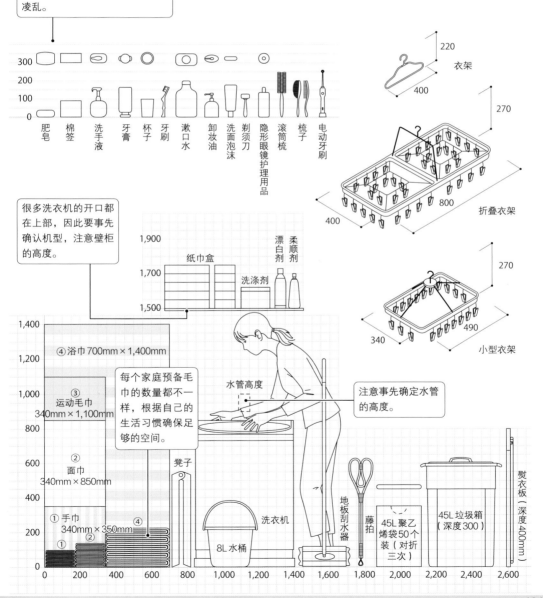

肥皂　棉签　洗手液　牙膏　杯子　牙刷　漱口水　卸妆油　洗面泡沫　剃须刀　隐形眼镜护理用品　滚筒梳　梳子　电动牙刷

衣架
220
400

折叠衣架
270
800
400

小型衣架
270
340 490

纸巾盒　漂白剂　柔顺剂　洗涤剂
1,900　1,700　1,500

④浴巾 700mm×1,400mm
③运动毛巾 340mm×1,100mm
②面巾 340mm×850mm
①手巾 340mm×350mm

水管高度

凳子
洗衣机
8L水桶
地板刮水器
藤拍
45L聚乙烯袋50个装（对折三次）
45L垃圾箱（深度300）
熨衣板（深度400mm）

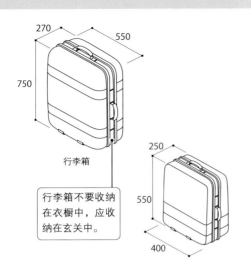

行李箱

行李箱不要收纳在衣橱中，应收纳在玄关中。

衣橱收纳的物品

衣橱中收纳的物品根据家庭构成和生活方式的变化而变化。因此，最好保持可变性，不要设置过多的固定架子。吊挂式收纳区要事先确认衣架的宽度、衣服的长度，以及衣服数量等，保证设计合理。

SIZE DICTIONARY

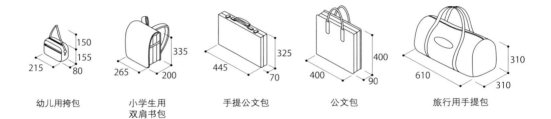

| 幼儿用挎包 | 小学生用双肩书包 | 手提公文包 | 公文包 | 旅行用手提包 |

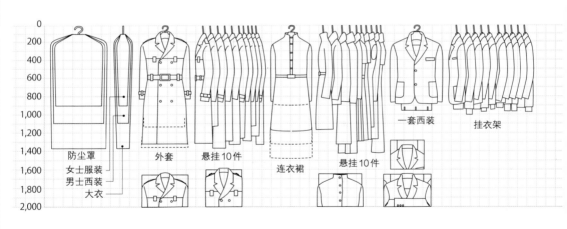

防尘罩
女士服装
男士西装
大衣

外套　　悬挂10件　　连衣裙　　悬挂10件　　一套西装　　挂衣架

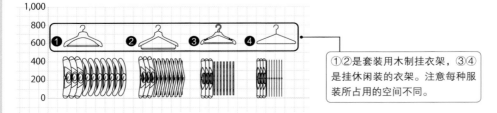

①②是套装用木制挂衣架，③④是挂休闲装的衣架。注意每种服装所占用的空间不同。

利用无印良品盒子整理衣橱

聚丙烯收纳盒·扁形系列

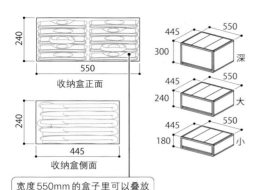

240

550

收纳盒正面

240

445

收纳盒侧面

445 550

300

深

445 550

240

大

445 550

180

小

无印良品的收纳盒类型相似。因此，即使生活方式或携带物品发生变化，只需改变收纳盒的组合方式和布局就能轻松整理，其使用起来非常方便，是整理衣橱的好帮手。

宽度550mm的盒子里可以叠放两件衬衣和毛衣。尺寸更大的盒子可以叠放5~6件西服衬衫。

聚丙烯收纳盒·深型

370 260

175

内部尺寸为宽220mm×长335mm，最适合收纳袜子和小型物品。

放置收纳盒时，左右分别空出20mm，前后空出30mm的间距，取放时更加方便。

增加挂衣架管时，可以使用可调节的钢管。宽度700~1200mm是M码，宽度1200~2000mm是L码。

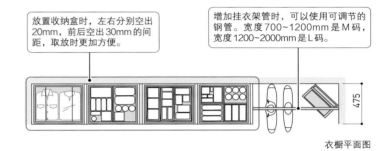

475

衣橱平面图

抽拉式硬纸盒·双层

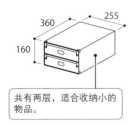

360 255

160

共有两层，适合收纳小的物品。

555

24

1,080

21

720

收纳不想被人看到的物品时，推荐使用灰色的硬纸盒。

高度为240mm的大型聚丙烯收纳盒叠放3层，与高度180mm的小型收纳盒叠放四层的高度几乎相同。

590　590　590　590　963
30　30　30　30

衣橱展开图

183

青木律典

⌂ 设计生活设计室

青木律典1973年出生于神奈川县。曾就职于日比生宽史建筑计划研究所、田井胜马建筑设计。2010年成立青木律典建筑设计工作室，2015年改组成设计生活设计室。

新井聪

⌂ Nook工房建筑事务所

新井聪1964年出生于埼玉县。1987年从芝浦工业大学建筑专业毕业。同年就职于联合设计社市谷建筑事务所。1999年成立Nook工房建筑事务所。

安藤拓马

⌂ 彦根建筑设计事务所

安藤拓马1984年出生于三重县。2016年就读于青山制图专门学校建筑专业。2017年就职于彦根建筑设计事务所。

石井大

⌂ 石井井上建筑事务所

石井大1967年出生于大分县。1991年从东京工业大学工学部建筑学专业毕业，1993年于该校大学院完成建筑专业硕士课程。曾任职于Fabric Altis。1998年成立TASTEN。2005年改组成石井井上建筑事务所。

井上牧子

⌂ 石井井上建筑事务所

井上牧子1971年出生于东京都。1997年从伊利诺伊理工大学建筑学院毕业。曾任职于Work Station。2003年起与石井大合作。2005年成立石井井上建筑事务所。

及川敦子

⌂ 及川敦子建筑设计室

及川敦子1976年出生于北海道。2001年从北海道大学大学院工学研究科都市环境工学专业毕业。2001年曾任职于伊藤宽工作室。2005年在bioform环境设计室担任职务。2006年成立及川敦子建筑设计室。现在任京都造型艺术大学通信教育研究院专职讲师。

大塚泰子

⌂ Noanoa空间工房

大塚泰子1971年出生于千叶县。1996年完成日本大学大学院生产工学研究科建筑工学研究科硕士课程后，任职于arts-crafts建筑研究所。2003年成立Noanoa空间工房。

小野喜规

⌂ 小野建筑设计事务所

小野喜规1974年出生于京都府。1999年完成早稻田大学大学院理工学部研究科硕士课程。曾任职于山下设计、村田靖夫研究室。2005年成立小野建筑设计事务所。

风祭千春

⌂ 风祭建筑设计

风祭千春1979年出生于茨城县。2001年从东京电机大学工学部建筑专业毕业。曾任职于设计事务所、审查机关单位、工务店等。2015年成立风祭建筑设计。2016年成立phasefree建筑协会并就任NPO法人。现任ICS专门学校专职讲师。

胜见纪子

⌂ Nook工房建筑事务所

胜见纪子1963年出生于石川县。1984年女子美术短期大学造型专业毕业。1988年桑沢设计研究所空间设计专业毕业。1988年任职联合设计社市谷建筑事务所。1999年成立Nook工房建筑事务所。

加部千贺子

⌂ 加部设计一级建筑师事务所

加部千贺子1950年出生于山梨县。1975年东京电机大学工学部建筑专业毕业。曾任职于设计事务所，1979年成立Bratech建筑设计事务所，1988年法人化，改名Bra-planing。2013年废除法人，成立加部设计一级建筑师事务所。

菊田康平

⌂ 牡丹设计

菊田康平1982年出生于福岛县。2006年日本大学艺术学部毕业。同年任职于妹尾正治建筑设计事务所。2014年共同运营牡丹设计。

佐藤哲也

⌂ 佐藤·布施建筑事务所

佐藤哲也1973年出生于东京都。1996年东京设计学校建筑设计专业毕业后，就职于椎名英三建筑设计事务所。2003年共同运营布施木绵子建筑设计事务所。2006年成立佐藤·布施建筑事务所。

岛田贵史

⌂ 岛田设计室

岛田贵史1970年出生于大阪府。1994年筑波大学艺术学部环境设计专业毕业。1996年完成京都工艺纤维大学设计工学专业造型工学方向课程。曾任职于 FELC 研究所。2008 年成立岛田设计室。2020 年起，任明星大学专职讲师 。

关尾英隆
△ 罗汉柏建筑工房

关尾英隆 1969 年出生于兵库县。1995 年完成东京工业大学大学院理工学研究科硕士课程。曾任职于日建设计、冲工务店，2009 年成立罗汉柏建筑工房。

寺林省二
△ 寺林设计工作室

寺林省二 1965 年出生于北海道旭川市。1987 年东京都立武藏野技术专门学校建筑设计专业毕业。1987 年任职于梅村雅英建筑设计工房。1998 年成立寺林设计工作室。

户井建一郎
△ 户井设计

户井建一郎 1969 年出生于石川县。1991 年金泽工业大学建筑专业毕业。1991~1995 年任职于铃木爱德华建筑设计事务所。1996 年创立 TOI 设计事务所。2012 年成立株式会社户井设计。

中山大介
△ 中山建筑设计事务所

中山大介 1978 年出生于岛根县。2001 年大阪市立大学毕业。2003 年京都府立大学大学院硕士毕业。2005~2010 年任职于 HTA 设计事务所。2010 年成立中山建筑设计事务所。现任摄南大学专职讲师。

西和人
△ 株式会社西和人一级建筑师事务所

西和人 1981 年出生于石川县。2004 年宇都宫大学工学部建筑专业毕业，2006 年该校大学院工学研究科建设专业硕士毕业。曾任职设计事务所，2013 年成立西和人一级建筑师事务所，2018 年改名株式会社西和人一级建筑师事务所。现任金泽科学技术大学专职讲师。

西井洋介
△ 一级建筑师事务所 ROOTE

西井洋介 1977 年出生于京都府。2001 年京都大学工学部建筑专业毕业，2003 年该校工学研究科建设学硕士毕业。2003 年加入远藤刚生建筑设计事务所。2007 年成立一级建筑师事务所 ROOTE。2016 年担任神户艺术工科大学非专职讲师。

丹羽修
△ NL 设计工作室

丹羽修 1974 年出生于千叶县。1997 年芝浦工业大学工学部建筑学科毕业。就职于设计公司，2003 年成立 NL 设计。担任 NPO 法人家作之会理事。

野口修一
△ 野口修建筑工作室

1968 年出生于千叶县。毕业于千叶大学。1998 年成立野口修一建筑设计室，2003 年改称野口修建筑工作室。

长谷川总一
△ 长谷川设计事务所

长谷川总一 1956 年出生于神奈川县。1978 年京都工艺纤维大学工艺专业毕业。同年加入松田店铺设计研究所。先后就职于 Rengoo 设计事务所、Atelier-furuta 建筑研究所，1992 年成立长谷川设计事务所。

半田俊哉
△ H& 一级建筑师事务所

半田俊哉 1980 年出生于埼玉县。2002 年京都精华大学艺术学院建筑专业毕业。2003 年就职于 Maniera 建筑设计事务所。2012 年成立 H& 一级建筑师事务所。

彦根明
△ 彦根建筑设计事务所

彦根明 1962 年出生于埼玉县。1985 年东京艺术大学建筑专业毕业，1987 年该校建筑专业研究生毕业，后加入矶崎新工作室。1990 年成立彦根建筑设计事务所。

平田智子
△ H& 一级建筑师事务所

平田智子 1983 年出生于兵库县。2006 年大手前大学社会文化学院人类环境学科环境设计课程毕业。同年加入 Maniera 建筑设计事务所。2012 年成立 H& 一级建筑师事务所。

广渡孝一郎
△ 广渡建筑设计事务所

广渡孝一郎 1949 年出生于京都府。1967 年大阪工业大学高等学校建筑专业毕业。1979 年开设 K·ART 工房，1983 年更名为广渡建筑设计事务所，属于 JIA（日本建筑家协会）住宅部会所。担任大阪市立大学生活专业非专职讲师。

广渡早苗
⌂ 广渡建筑设计事务所

广渡早苗 1957 年出生于大阪府。1977 年大阪工业技术专业学校建筑专业学科毕业。就职于 KAYA 建筑设计企划研究所，1983 年与广渡孝一郎共同领导广渡建筑设计事务所。住宅医（译者注：住宅医，针对现有木制住宅进行调查、诊断、改造、设计、施工、维护等的专家）。

福田康纪
⌂ 福田康纪建筑企划

福田康纪 1974 年出生于石川县。1997 年金泽科学技术专业学校建筑专业毕业。后就职于土木工程公司。2001 年成立福田康纪建筑企划。现在担任金泽科学技术大学非专职讲师。

布施木绵子
⌂ 佐藤·布施建筑事务所

布施木绵子 1971 年出生于东京都。1994 年日本大学理工学院建筑专业毕业，后加入椎名英三建筑设计事务所。2002 年领导布施木绵子建筑设计事务所。2006 年共同成立佐藤·布施建筑事务所。

古川智之
⌂ 古川智之建筑设计室

古川智之 1973 年出生于福井县。1996 年东洋大学工学部毕业。同年就职于游空间设计室。2000 年成立古川智之建筑设计室。

前田哲郎
⌂ 前田土木工程公司

前田哲郎 1977 年出生于神奈川县。2004 年开设前田土木工程公司。2009 年成立株式会社前田土木工程公司。

松浪光伦
⌂ 松浪光伦建筑企划室

松浪光伦 1977 年出生于大阪府。2000 年近畿大学理工学院建筑学专业毕业。2005 年成立松浪光伦建筑企划室。

松原知己
⌂ 松原建筑企划

松原知己 1974 年出生于爱知县。1997 年爱知工业大学毕业。先后就职于加藤设计、久保田英之建筑研究所，2008 年成立松原建筑企划。

松原正明
⌂ 木木设计室

松原正明 1956 年出生于福岛县。东京电机大学工学部建筑学科毕业。先后就职于今井建筑设计事务所、上川松田建筑事务所，于 1986 年成立松原正明建筑设计室。2018 年改名为木木设计室。NPO 法人家作之会设计会员。

水越美枝子
⌂ 设计工房一级建筑师事务所

水越美枝子出生于 1959 年。1982 年日本女子大学住房专业毕业，后加入清水建设。1998 年与人共同成立设计工房一级建筑师事务所。从房屋新建、改造到室内设计、收纳计划等都亲力亲为。

向山博
⌂ 向山建筑设计事务所

向山博 1972 年出生于神奈川县。1995 年东京理科大学工学部建筑专业毕业。先后就职于鹿岛建设、Coel-acanth-K&H，2003 年成立向山建筑设计事务所。

村梶招子
⌂ 春夏建筑事务所

村梶招子 1976 年出生于岐阜县。2001 年名古屋大学研究生毕业。2001 年就职于石本建筑事务所、2006 年就职于手塚建筑研究所，2011 年成立春夏建筑事务所。现在担任金泽科学技术大学非专职讲师。

村梶直人
⌂ 春夏建筑事务所

村梶直人 1980 年出生于石川县。2004 年金泽工业大学研究生毕业。后就职于手塚建筑研究所，现就职于 AC's。

村上让
⌂ 纽扣设计

村上让 1984 年出生于岩手县。2006 年日本大学艺术专业毕业。同年加入三浦慎建筑设计室。2014 年与人共同领导纽扣设计。